21世纪高等学校规划教材 | 计算机应用

Visual Basic 同步练习试题精解

王栋 王涛 编著

清华大学出版社
北 京

内 容 简 介

本书基于 Visual Basic 6.0，针对将 Visual Basic 作为第一门编程语言学习的大学生而作，既可以用于期末复习，也可以跟随课程进度随时练习，还可用于备战各类等级考试。

本书共收集整理 395 道典型试题，按一般的授课顺序分 8 章编排。题型有判断题、选择题、填空题、读程序题和完善程序题 5 种。书后半部分是参考答案、题目解析以及考点。题目解析部分讲解了知识点、重点、难点、编程和解题思路与技巧，使读者做每一道题都会有所收获。

图书在版编目(CIP)数据

Visual Basic 同步练习试题精解/王栋，王涛编著. --北京：清华大学出版社，2012.3(2020.8 重印)
(21 世纪高等学校规划教材·计算机应用)
ISBN 978-7-302-27774-3

Ⅰ.①V…　Ⅱ.①王… ②王…　Ⅲ.①BASIC 语言－程序设计－高等学校－题解　Ⅳ.①TP312-44

中国版本图书馆 CIP 数据核字(2011)第 281269 号

责任编辑：闫红梅　薛　阳
封面设计：傅瑞学
责任校对：白　蕾
责任印制：丛怀宇

出版发行：清华大学出版社
网　　址：http://www.tup.com.cn，http://www.wqbook.com
地　　址：北京清华大学学研大厦 A 座　　**邮　　编**：100084
社 总 机：010-62770175　　**邮　　购**：010-62786544
投稿与读者服务：010-62795954，jsjjc@tup.tsinghua.edu.cn
质量反馈：010-62772015，zhiliang@tup.tsinghua.edu.cn
印 装 者：北京九州迅驰传媒文化有限公司
经　　销：全国新华书店
开　　本：185mm×260mm　　**印　　张**：11.25　　**字　　数**：267 千字
版　　次：2012 年 3 月第 1 版　　**印　　次**：2020 年 8 月第 2 次印刷
印　　数：3001～3110
定　　价：29.00 元

产品编号：044984-02

编审委员会成员

（按地区排序）

浙江大学	吴朝晖 教授
	李善平 教授
扬州大学	李 云 教授
南京大学	骆 斌 教授
	黄 强 副教授
南京航空航天大学	黄志球 教授
	秦小麟 教授
南京理工大学	张功萱 教授
南京邮电学院	朱秀昌 教授
苏州大学	王宜怀 教授
	陈建明 副教授
江苏大学	鲍可进 教授
中国矿业大学	张 艳 教授
武汉大学	何炎祥 教授
华中科技大学	刘乐善 教授
中南财经政法大学	刘腾红 教授
华中师范大学	叶俊民 教授
	郑世珏 教授
	陈 利 教授
江汉大学	颜 彬 教授
国防科技大学	赵克佳 教授
	邹北骥 教授
中南大学	刘卫国 教授
湖南大学	林亚平 教授
西安交通大学	沈钧毅 教授
	齐 勇 教授
长安大学	巨永锋 教授
哈尔滨工业大学	郭茂祖 教授
吉林大学	徐一平 教授
	毕 强 教授
山东大学	孟祥旭 教授
	郝兴伟 教授
中山大学	潘小轰 教授
厦门大学	冯少荣 教授
厦门大学嘉庚学院	张思民 教授
云南大学	刘惟一 教授
电子科技大学	刘乃琦 教授
	罗 蕾 教授
成都理工大学	蔡 淮 教授
	于 春 副教授
西南交通大学	曾华燊 教授

出版说明

随着我国改革开放的进一步深化，高等教育也得到了快速发展，各地高校紧密结合地方经济建设发展需要，科学运用市场调节机制，加大了使用信息科学等现代科学技术提升、改造传统学科专业的投入力度，通过教育改革合理调整和配置了教育资源，优化了传统学科专业，积极为地方经济建设输送人才，为我国经济社会的快速、健康和可持续发展以及高等教育自身的改革发展做出了巨大贡献。但是，高等教育质量还需要进一步提高以适应经济社会发展的需要，不少高校的专业设置和结构不尽合理，教师队伍整体素质亟待提高，人才培养模式、教学内容和方法需要进一步转变，学生的实践能力和创新精神亟待加强。

教育部一直十分重视高等教育质量工作。2007 年 1 月，教育部下发了《关于实施高等学校本科教学质量与教学改革工程的意见》，计划实施"高等学校本科教学质量与教学改革工程"（简称"质量工程"），通过专业结构调整、课程教材建设、实践教学改革、教学团队建设等多项内容，进一步深化高等学校教学改革，提高人才培养的能力和水平，更好地满足经济社会发展对高素质人才的需要。在贯彻和落实教育部"质量工程"的过程中，各地高校发挥师资力量强、办学经验丰富、教学资源充裕等优势，对其特色专业及特色课程（群）加以规划、整理和总结，更新教学内容、改革课程体系，建设了一大批内容新、体系新、方法新、手段新的特色课程。在此基础上，经教育部相关教学指导委员会专家的指导和建议，清华大学出版社在多个领域精选各高校的特色课程，分别规划出版系列教材，以配合"质量工程"的实施，满足各高校教学质量和教学改革的需要。

为了深入贯彻落实教育部《关于加强高等学校本科教学工作，提高教学质量的若干意见》精神，紧密配合教育部已经启动的"高等学校教学质量与教学改革工程精品课程建设工作"，在有关专家、教授的倡议和有关部门的大力支持下，我们组织并成立了"清华大学出版社教材编审委员会"（以下简称"编委会"），旨在配合教育部制定精品课程教材的出版规划，讨论并实施精品课程教材的编写与出版工作。"编委会"成员皆来自全国各类高等学校教学与科研第一线的骨干教师，其中许多教师为各校相关院、系主管教学的院长或系主任。

按照教育部的要求，"编委会"一致认为，精品课程的建设工作从开始就要坚持高标准、严要求，处于一个比较高的起点上。精品课程教材应该能够反映各高校教学改革与课程建设的需要，要有特色风格、有创新性（新体系、新内容、新手段、新思路，教材的内容体系有较高的科学创新、技术创新和理念创新的含量）、先进性（对原有的学科体系有实质性的改革和发展，顺应并符合 21 世纪教学发展的规律，代表并引领课程发展的趋势和方向）、示范性（教材所体现的课程体系具有较广泛的辐射性和示范性）和一定的前瞻性。教材由个人申报或各校推荐（通过所在高校的"编委会"成员推荐），经"编委会"认真评审，最后由清华大学出版社审定出版。

目前,针对计算机类和电子信息类相关专业成立了两个“编委会”,即“清华大学出版社计算机教材编审委员会”和“清华大学出版社电子信息教材编审委员会”。推出的特色精品教材包括:

(1) 21世纪高等学校规划教材·计算机应用——高等学校各类专业,特别是非计算机专业的计算机应用类教材。

(2) 21世纪高等学校规划教材·计算机科学与技术——高等学校计算机相关专业的教材。

(3) 21世纪高等学校规划教材·电子信息——高等学校电子信息相关专业的教材。

(4) 21世纪高等学校规划教材·软件工程——高等学校软件工程相关专业的教材。

(5) 21世纪高等学校规划教材·信息管理与信息系统。

(6) 21世纪高等学校规划教材·财经管理与应用。

(7) 21世纪高等学校规划教材·电子商务。

(8) 21世纪高等学校规划教材·物联网。

清华大学出版社经过三十多年的努力,在教材尤其是计算机和电子信息类专业教材出版方面树立了权威品牌,为我国的高等教育事业做出了重要贡献。清华版教材形成了技术准确、内容严谨的独特风格,这种风格将延续并反映在特色精品教材的建设中。

清华大学出版社教材编审委员会

联系人:魏江江

E-mail:weijj@tup.tsinghua.edu.cn

前言

初学编程，进行足够量的练习是很有必要的。本书基于 Visual Basic 6.0，针对将 Visual Basic 作为第一门编程语言学习的大学生而编写。

作者从近几年的考试中整理出 395 道具有代表性的试题，按 Visual Basic 一般的授课顺序分 8 章编排；题型有判断题、选择题、填空题、读程序题和完善程序题 5 种。

本书的第一部分是习题，第二部分是参考答案、题目解析以及考点。题目解析部分简明扼要地讲解了知识点、重点、难点、编程和解题思路与技巧，使读者做每一道题都会有所进步。

本书既可以用于期末复习，也可以跟随课程进度随时练习；既可巩固 Visual Basic 基本概念、基础知识、掌握编程方法，也可备战各类等级考试。

感谢袁红兵、李向东、陆静、李忠新、申屠德忠、郑宇等老师为本书出版所做的工作。欢迎广大读者对本书提出意见和建议。

编　者

2011 年 12 月

第一部分 习 题

第二部分 参考答案与题目解析

第一部分 习　题

- 第1章　程序设计入门
- 第2章　数据类型、常量与变量
- 第3章　运算符与表达式
- 第4章　控制结构
- 第5章　过程
- 第6章　数组与自定义数据类型
- 第7章　基本控件与内部函数
- 第8章　文件操作与多模块程序设计

第1章 程序设计入门

一、判断题

1. 在 Visual Basic 6.0 集成开发环境的“属性”窗口中列出了被选对象的所有属性。 （　）
2. 同一对象的不同属性之间不会相互影响。 （　）
3. 通常，不同类型对象所支持的事件是不同的，但是都支持相同的方法。 （　）
4. 程序在 Visual Basic 集成开发环境中共有设计、运行和中断三种状态。 （　）
5. 一个 Visual Basic 工程中可以有多个窗体模块和标准模块。 （　）
6. 当程序中有多个事件过程时，它们的执行顺序是由在“代码”窗口中的排列顺序决定的。 （　）

二、选择题

1. 下列关于 Visual Basic 6.0 的说法中错误的是________。
   (A) 它是 Microsoft(微软)公司的产品
   (B) 它是面向对象的程序设计语言和集成环境
   (C) 它可以编译程序，也可以解释性地执行程序
   (D) 它可以开发 Windows 操作系统下的应用程序，也可以开发 UNIX 操作系统下的应用程序
2. 以下对 Visual Basic 特点的描述，错误的是________。
   (A) Visual Basic 5.0 版可以开发 16 位和 32 位的 Windows 应用程序
   (B) 是面向对象的程序设计语言
   (C) 采用事件驱动过程的程序设计原理
   (D) 编写的程序既可解释执行，也可编译执行
3. 下面说法中错误的是________。
   (A) Visual Basic 是微软公司的产品
   (B) Visual Basic 只能开发运行于 Windows 操作系统下的应用程序
   (C) Visual Basic 使用的是面向对象的编程思想
   (D) Visual Basic 是一种汇编语言
4. 以下叙述中错误的是________。
   (A) Visual Basic 是可视化编程工具

(B) Visual Basic 是美国微软公司的产品

(C) Visual Basic 工具箱中的所有控件都具有宽度(Width)和高度(Height)属性

(D) Visual Basic 中控件的某些属性只能在运行时设置

5. 在下列有关 Visual Basic 的叙述中错误的是________。

(A) 采用了事件驱动的编程机制

(B) 是面向对象的编程语言

(C) 是可视化的程序设计语言

(D) 是面向过程的程序设计语言

6. Visual Basic 是一种面向________的程序设计语言。

(A) 过程　(B) 用户　(C) 方法　(D)对象

7. 一个对象所具有的动作和行为称为对象的________。

(A) 方法　(B) 属性　(C) 事件　(D) 消息

8. 在足球场上,一球员将球踢入球门。如果把足球看做 Visual Basic 编程中的"对象",则下面________是它的事件。

(A) 球员　(B) 球门　(C) 进入球门　(D) 被球员踢

9. 以下关于 Visual Basic 标准模块的说法中错误的是________。

(A) 标准模块文件的扩展名为 bas

(B) 标准模块没有用户界面,它仅由程序代码组成

(C) 标准模块可用来定义应用程序的全局变量、通用过程和函数

(D) 标准模块附属于窗体模块,是构成应用程序不可缺少的模块

10. 在 Visual Basic 集成开发环境中,双击窗体上的某个控件所打开的窗口是________。

(A) 工程资源管理器窗口　(B) 工具箱窗口

(C) 代码窗口　(D) 属性窗口

11. 在 Visual Basic 集成开发环境中,"工具箱"窗口的作用是________。

(A) 设置对象的属性　(B) 编写对象的事件过程

(C) 放置代表控件的图标　(D) 编写应用程序的操作代码

12. 在 Visual Basic 集成开发环境中,大部分窗口操作命令可从________菜单项的下拉菜单中找到。

(A) 视图　(B) 格式　(C) 编辑　(D) 调试

13. 在 Visual Basic 集成开发环境中可以打开"立即窗口"的快捷键是________。

(A) Ctrl+D　(B) Ctrl+E　(C) Ctrl+F　(D) Ctrl+G

14. 以下关于对象属性的说法中正确的是________。

(A) 对象所有的属性都列于属性窗口中

(B) 不同对象不可能有同名属性

(C) 不同对象同名属性的数据类型是相同的

(D) 对象的一些属性既可在属性窗口设置,也可以通过程序代码设置

15. 以下有关对象属性的叙述中,不正确的是________。

(A) 一个对象的属性可分为外观、行为等若干类

(B) 不同属性可能具有不同的数据类型

(C) 一个对象的所有属性都可在属性窗口的列表中进行设置

(D) 属性窗口中的属性列表既可按字母排序也可按类别排列

16. 在程序设计阶段,当双击窗体上的某个控件时,所打开的窗口是________。

(A) 工程资源管理器窗口 (B) 工具箱窗口

(C) 代码窗口 (D) 属性窗口

17. 以下操作不能卸载窗体的是________。

(A) Hide 方法 (B) Unload 语句

(C) End 语句 (D) 单击窗体左上角的“关闭”按钮

18. 要使程序进入中断状态,不可采用的方法是________。

(A) 快捷键 Ctrl + Break (B) 快捷键 Ctrl + C

(C) Stop 语句 (D) Debug. Assert 方法

19. 以下________情况不会进入中断状态。

(A) 在程序运行中,按 Ctrl+V 键

(B) 程序运行中,发生了运行错误

(C) 用户在程序中设置了断点,当程序运行到断点时

(D) 采用单步调试方式,每运行一个可执行代码行后

20. 当运行程序产生死循环时,可以使用________方法终止程序运行,返回 Visual Basic 集成环境。

(A) 按 Ctrl+C 键

(B) 按 Ctrl+Z 键

(C) 按 Ctrl+Break 键

(D) 单击 Visual Basic 工具栏上的“停止运行”按钮

21. 以下能在窗体 Form1 的标题栏中显示“Visual Basic 窗体”的语句是________。

(A) Form1. Name="Visual Basic 窗体"

(B) Form1. Title="Visual Basic 窗体"

(C) Form1. Caption="Visual Basic 窗体"

(D) Form1. Text="Visual Basic 窗体"

22. 假定窗体的 Name 属性为 Form1,则把该窗体的标题设置为“Wonderful VB!”的语句为________。

(A) Form1= "Wonderful VB! "

(B) Form1. Text= "Wonderful VB! "

(C) Caption= "Wonderful VB! "

(D) Form1. Name= "Wonderful VB! "

23. 有程序代码如下:frmShow. Caption="显示结果",其中 frmShow、Caption 和“显示结果”分别代表________。

(A) 属性、对象、值 (B) 属性、值、对象

(C) 对象、属性、值 (D) 对象、值、属性

24. 窗体 Forml 的名称属性为 frm,它的 Load 事件过程名为________。

(A) Form _Load　　(B) Form1_Load
(C) frm_ Load　　(D) Me_ Load

25. 下列事件不属于窗体事件的是________。
(A) Click　　(B) Load　　(C) MouseDown　　(D) Change

26. 下面所列窗体的 4 个事件中,不是由用户的操作引发的是________。
(A) Load　　(B) Click　　(C) DblClick　　(D) KeyPress

27. 以下的事件过程名不正确的是________。
(A) Form1_Load　　(B) Command1_Click
(C) Text1_Change　　(D) Timer1_Timer

28. 要将一个窗体加载到内存但不显示,应使用的语句是________。
(A) Load　　(B) Show　　(C) Hide　　(D) Unload

29. 为了使窗体 Form1 右移 200 twip,应使用的语句为________。
(A) Form1. Move Form1. Left － 200
(B) Form1. Move Form1. Left ＋ 200
(C) Form1. Move 200
(D) Form1. Move Form1. Width ＋ 200

30. 要使用 Esc 键来执行某命令按钮的 Click 事件过程,应将该命令按钮的________属性设置为 True。
(A) Value　　(B) Default　　(C) Cancel　　(D) Enabled

31. 如果要在命令按钮上显示图形,应设置命令按钮的________。
(A) Graphics 属性　　(B) Style 属性和 Graphics 属性
(C) Picture 属性　　(D) Style 属性和 Picture 属性

32. 为了使命令按钮 Command1 右移 200 缇(twip),应使用________语句来实现。
(A) Command1. Move －200
(B) Command1. Move 200
(C) Command1. Left＝ Command1. Left＋200
(D) Command1. Left＝ Command1. Left－200

33. 在窗体上添加一个名为 Command1 的命令按钮,并编写如下事件过程:

```
Private Sub Command1_Click()
    Move 500,500
End Sub
```

程序运行后,单击该命令按钮,执行的操作为________。
(A) 命令按钮移动到距窗体左边界、上边界各 500 单位的位置
(B) 命令按钮向左、向下方向各移动 500 单位
(C) 窗体移动到距屏幕左边界、上边界各 500 单位的位置
(D) 窗体向左、向下方向各移动 500 单位

34. 命令按钮对象不支持的事件是________。
(A) DblClick　　(B) Click　　(C) MouseDown　　(D) MouseUp

35. 文本框控件的默认属性是________。

(A) Default (B) Caption (C) Text (D) Enabled

36. 下述文本框(Textbox)控件的________属性不是只读属性。

(A) MultiLine (B) Name (C) ScrollBars (D) Height

37. 为了使文本框(Textbox)控件同时具有水平和垂直滚动条,应将其________属性设置为 True。

(A) MultiLine (B) MaxLength (C) ScrollBars (D) Index

38. 有程序代码如下:

```
Text1.Text = "欢迎走进 VB 世界!"
```

则 Text1、Text、"欢迎走进 VB 世界!"分别代表________。

(A) 对象、值、属性 (B) 对象、属性、值

(C) 对象、方法、属性 (D) 属性、对象、值

39. 使一个文本框得到键盘输入焦点,应调它的________方法。

(A) SetFocus (B) GotFocus

(C) GetFocus (D) LostFocus

40. 若要使文本框控件具有滚动条,除了设置其 ScrollBars 属性外,还需设置________属性。

(A) MaxLength (B) MultiLine

(C) PasswordChar (D) BorderStyle

41. 若设置了文本框的属性 PasswordChar = "$",则运行程序时向文本框中输入 8 个任意字符后,文本框中显示的是________。

(A) 8 个"$" (B) 1 个"$" (C) 8 个"*" (D) 无任何内容

42. 如果要求从文本框中输入密码时,在文本框中只显示#号,则应在此文本框的属性窗口中设置________。

(A) Text 属性值为# (B) Caption 属性值为#

(C) Passwordchar 属性值为# (D) Passwordchar 属性值为 True

43. 窗体上有一个文本框控件 Text1,假设已存在三个整型变量 a、b 和 c,且变量 a 的值为 5,变量 b 的值为 7,变量 c 的值为 12。以下的________语句可以使文本框内显示的内容为:5+ 7=12。

(A) Text1. Text = a + b = c

(B) Text1. Text = "a + b = c"

(C) Text1. Text = a & "+" & b & "=" & c

(D) Text1. Text = "a" & "+" & "b" & "=" & "c"

44. 有程序代码:frmMove. Move txtMove. Text, 800,则 frmMove、Move、Text 分别代表________。

(A) 对象、属性、方法 (B) 对象、方法、属性

(C) 属性、方法、对象 (D) 方法、属性、对象

45. 任何控件都具有________属性。

(A) Text (B) Caption (C) Name (D) ForeColor

46. 以下对 Visual Basic 书写规则的描述中错误的是________。

(A) 可用单引号或 Rem 关键字进行语句注释

(B) 不区分代码字符的大小写

(C) 同一行上的多个语句用冒号分隔

(D) 一条语句可以分多行书写，要求在每个未完的行首加上续行符(空格与下划线)

47. 对于注释语句，下列叙述中不正确的是________。

(A) 注释语句是非执行语句

(B) 注释语句不能单独占用一行

(C) 注释语句不能放在续行符的后面

(D) 代码中加入注释语句的主要目的是为了提高程序的可读性

48. 在 Visual Basic 的集成开发环境中，用于编译生成可执行文件的菜单命令位于________菜单中。

(A) 文件 (B) 编辑 (C) 工程 (D) 工具

49. 在 Visual Basic 集成开发环境中，可以直接运行当前程序的功能键是________。

(A) F2 (B) F3 (C) F4 (D) F5

50. 在 Visual Basic 集成开发环境中，当"工程"窗口被关闭时，可以通过使用 Ctrl＋R 键或单击________菜单下的"工程资源管理器"菜单项来显示"工程"窗口。

(A) 工具 (B) 窗口 (C) 工程 (D) 视图

51. 工程资源管理器窗口(即"工程"窗口)用来显示和管理工程所包含的________。

(A) 变量和常量 (B) 变量和数组 (C) 窗体和模块 (D) 过程和事件

52. Visual Basic 中工程文件的扩展名为________。

(A) frm (B) frx (C) vbp (D) prj

53. 下面________是 Visual Basic 标准模块文件的扩展名。

(A) vbp (B) frm (C) frx (D) bas

三、填空题

1. 在 Visual Basic 中，模块是用于将不同类型过程代码组织到一起而提供的一种结构，通常使用三种类型的模块，它们是____①____、____②____和____③____。

2. 窗体上有多个控件，在 Form_Activate()事件过程中添加________语句，就可确保每次运行程序时，都将光标定位在文本框 Text2 上。

3. 一般情况下，Visual Basic 中一行只写一条语句，但是，使用____①____作为分隔符，可以在一行中写入多条语句。当语句太长，可以写在几行中，但必须使用续行符____②____。

4. 在 Visual Basic 中，一行中可以书写多条语句，但是要在语句之间用________分隔。

第2章 数据类型、常量与变量

一、判断题

1. 一个变量在刚定义、尚未赋值之前是没有值的。 (   )

2. 标准模块文件的扩展名为 bas,可在标准模块中定义全局变量、全局数组及全局通用过程,在一个工程中至少要有一个标准模块。 (   )

二、填空题

1. 只能保存非负整数的数据类型名为________。

2. 根据变量的作用域,可将变量划分为过程级、模块级和________变量。

3. Byte 类型的变量能够存储的最大数值为________。

4. ________是一种特殊的数据类型,除了定长字符串数据及自定义类型外,可以包含任何种类的数据。

5. 在 Visual Basic 中,变量名可以包括字母、数字和________。

6. 逻辑型变量的默认值是________。

7. 把逻辑值 True 赋给整型变量之后,此变量的值会变为________。

8. 若在模块的通用声明段加上一条语句________,则编程时必须对出现的所有变量的类型进行声明。

9. 一个应用程序的不同模块可以声明同名的全局变量,在 form1 模块的窗体上打印出 form2 模块中定义的全局变量 str1 的值时,应使用语句________。

10. 将 π 定义成全局符号常量 PI 的语句是________。

三、选择题

1. 在下列数据类型中,不能表示负值的是________。

   (A) Byte　(B) Integer　(C) Single　(D) Double

2. 下列________组数据类型的变量占用的内存大小相等。

   (A) Byte、Variant　(B) Integer、Boolean
   (C) Single、Date　(D) Long、Currency

3. 下列数据类型中,占用内存空间最大的是________。

   (A) Integer　(B) Byte　(C) Boolean　(D) Date

4. 下列数据类型中,占用 4 个字节的是________。

(A) Double (B) Single (C) Currency (D) Date

5. 下面________不是字符串常量。

(A) "你好" (B) " " (C) "True" (D) #False#

6. 下列________不是 Visual Basic 的合法常量。

(A) "2/1/99" (B) 1D3

(C) &O198 (D) #2/1/99#

7. 下列不合法的常量是________。

① 25& ② &O78 ③ 24. ④ 1.25E3.4 ⑤ ""

⑥ -.5D+2 ⑦ Ture ⑧ #2002-06-15#

(A) ①④⑦ (B) ②⑥⑧

(C) ②④⑦ (D) ①②⑧

8. 下列常量中,________不是 Visual Basic 的合法常量。

(A) "1+2=3" (B) 2D-4 (C) &O397 (D) #02/01/99#

9. 下列四组数据中,全部为正确的 Visual Basic 常数的是________。

(A) 32768,1.34D2,"ABCDE",&O1767

(B) 3276,123.56,1.2E-2,#True#

(C) &HABCE,02-03-2003,False,D-3

(D) ABCDE,#02-02-2002#,E-2

10. 下列是 Visual Basic 合法变量名的是________。

(A) For_Loop (B) Const (C) 9FZ (D) a[B]x

11. 下列________不是合法的 Visual Basic 变量名。

(A) PI (B) x-y (C) x2y (D) x2

12. 下列________是合法的变量名。

(A) A.B (B) 3A (C) A_B (D) A-B

13. 下列合法的变量名是________。

(A) _X (B) X! (C) Text1 (D) Me

14. 在 Visual Basic 中,合法的变量名称是________。

(A) intForLoop (B) Const

(C) 9intCount (D) dtm#Birthday

15. 下列________不能用做 Visual Basic 的变量名。

(A) a (B) 变量 1 (C) a1 (D) a-1

16. 根据变量的作用域,可以将变量分为 3 类,分别为________。

(A) 局部变量、模块级变量和全局变量

(B) 局部变量、模块级变量和标准变量

(C) 局部变量、模块级变量和窗体变量

(D) 局部变量、标准变量和全局变量

17. 在过程中,可以使用________语句定义变量。

(A) Dim、Private (B) Dim、Static

(C) Dim、Public (D) Dim、Static、Private

18. 在窗体模块的通用声明段中定义变量时，不可能使用下列________关键字。

(A) Dim (B) Private (C) Public (D) Static

19. 在窗体的“通用声明”段中，用 Public 定义的变量是________变量。

(A) 局部 (B) 窗体模块级 (C) 静态 (D) 全局

20. 在过程中定义的变量，如果希望在过程调用后还保存它的值，则应用________关键字定义。

(A) Dim (B) Private (C) Public (D) Static

21. 以下叙述中，错误的是________。

(A) 语句"Dim a,b As Integer"定义了两个整型变量 a 和 b

(B) 不能在标准模块中使用 Static 定义静态过程级变量

(C) 模块级变量必须先定义，后使用

(D) 在事件过程或通用过程内定义的变量是局部变量

22. 在标准模块中用 Public 关键字声明的变量和符号常量的有效范围是________。

(A) 所有标准模块 (B) 所在的标准模块

(C) 所有窗体 (D) 整个工程

23. 下面关于变量的说法中，错误的是________。

(A) 如果使用 Dim 语句定义变量时不指定数据类型，则认为是变体类型

(B) 静态变量与普通变量的区别在于，它只能被赋值一次

(C) 当变量名相同而作用域不同时，优先访问作用范围小的变量

(D) 使用 Dim 语句既可以定义过程级变量，也可以定义模块级变量

24. 在过程 subA 中定义了一个 static 类型的静态变量 y。假如某一次该过程调用结束退出 subA 时 y 的值为 5，则下一次再进入过程 subA 时 y 的值为________。

(A) 不确定的随机值 (B) 5 (C) 6 (D) 语法错误

25. 将逻辑常量 False 赋给一个整型变量，则该整型变量的值为________。

(A) 0 (B) −1 (C) True (D) 一个随机的非零值

26. 若要强制变量声明，应在模块的通用声明段中使用下列________语句。

(A) Option Explicit (B) Option Base 1

(C) Option Base 0 (D) Option Compare Text

27. 下列叙述中，正确的是________。

(A) 在窗体模块中不能定义全局变量

(B) 在窗体模块中不能定义全局过程

(C) 在窗体模块中可以定义全局用户自定义数据类型

(D) 全局常量必须在标准模块中定义

28. 在窗体模块中，不能定义下列的________。

(A) 全局变量 (B) 名称为 Main 的 Sub 过程

(C) 模块级数组 (D) 全局常量

29. 下面各项中可以在窗体模块的声明段中进行定义的是________。

(A) 全局变量 (B) 全局常量

(C) 全局数组 (D) 全局自定义数据类型

30. 下面说法错误的是________。

(A) 全局常量只能在标准模块的声明段声明

(B) 全局的自定义数据类型只能在标准模块的声明段声明

(C) 静态变量只能在过程中定义

(D) 全局字符串变量只能在标准模块的声明段声明

31. 下面说法错误的有________。

① 全局常量只能在标准模块的声明段中定义

② 全局的自定义数据类型只能在标准模块的声明段中定义

③ 静态变量只能在过程中定义

④ 全局定长字符串变量只能在标准模块的声明中段定义

⑤ 全局变量只能在标准模块的声明段中定义

⑥ 全局过程只能在标准模块中定义

(A) ①②③　　(B) ⑤⑥　　(C) ④⑤⑥　　(D) ③⑤⑥

32. 使用 Public Const 语句来声明一个全局常量,该语句可以放在________。

(A) 过程中　　(B) 标准模块的声明段

(C) 窗体模块的声明段　　(D) 窗体模块或标准模块的声明段

33. 关于变量重名的说法,错误的是________。

(A) 局部变量和全局变量可以同名

(B) 不同模块中的全局变量可以同名

(C) 模块级变量可以和过程同名

(D) 窗体模块中局部变量可以和窗体中控件的名字相同

34. 一般来说,当变量名相同,而作用域不同时,优先访问的是________变量。

(A) 全局变量　　(B) 模块级变量

(C) 作用域最小的变量　　(D) 静态变量

35. 所有的数值型数据都可以相互赋值,把单精度数赋给整型变量时,Visual Basic 采用的是________。

(A) 四舍五入法　　(B) 向最近的偶数方向四舍五入法

(C) 舍去法　　(D) 向最近的奇数方向四舍五入法

36. 下面的________赋值语句不能使字节型变量 byt1 在内存中的二进制位成为 00001111。

(A) byt1=15　　(B) byt1=1111　　(C) byt1=&HF　　(D) byt1=&O17

37. 以下程序段执行后 X 的值为________。

```
Static X as Integer
X = 3
Print  X - 1
X = X + 1
```

(A) 4　　(B) 3　　(C) 2　　(D) 1

38. 为窗体上的命令按钮 Command1 编写如下事件过程:

```
Private Sub Command1_Click()
```

```
    Dim b As Integer
    Static a As Integer
    b = b + 1:a = a + 1
    Print b, a
End Sub
```

运行程序，当第三次单击命令按钮后在窗体上输出的是________。

(A) 1　3　　(B) 3　3　　(C) 1　1　　(D) 3　1

四、读程序题

运行下面的程序，连续单击三次窗体后，文本框 Text1 显示的内容为＿＿①＿＿，文本框 Text2 显示的内容为＿＿②＿＿。

```
Private Sub Form_Click()
    Static a As String
    Static i As Integer
    Dim b As String
    a = a + Chr(Asc("A") + i)
    b = b + "B" + CStr(i)
    i = i + 1
    Text1.Text = a
    Text2.Text = b
End Sub
```

第3章 运算符与表达式

一、填空题

1. 数学式$\frac{a \cdot b \cdot c}{(|d|+1)y}+1$对应的 Visual Basic 表达式为________。

2. 代数表达式$\sqrt{\frac{x+\ln x}{a+b}}+e^{-2t}+\cos\left(\frac{c+d}{2t}\right)$对应的 Visual Basic 表达式是________。

3. 数学式$\frac{a \cdot b^2+\ln c}{|d|+1}$对应的 Visual Basic 表达式为________。

4. 将任意一个两位正整数 N 的个位数与十位数对换得到新数的 Visual Basic 表达式是________。

5. 判断变量 X 是否为能被 5 整除的奇数，逻辑表达式可写为________。

6. 设 a = 2：b = 3：c = 4：d = 5，则下列表达式的值是________。

```
Print a <= c Or 4 * c = b ^ 2 And b <> a + c
```

7. 在 Visual Basic 中，表示“A、B 之一为零，但不得同时为零”的表达式为________。

8. 求表达式的值：

① 1 * 2+3/4\2 ^2 的值为________；

② 2 = 2 = 2 的值为________。

9. 判断变量 x、y、z 的值是否满足关系：$x>y\geqslant z$，可使用相应的 Visual Basic 表达式为________。

10. 若变量 x 和 y 分别表示一个点的横坐标和纵坐标，则____①____表达式为 True 时表示该点位于第二象限内横轴和方程 y=－x 表示的直线之间，不包括边界[图 3-1(a)]；____②____表达式为 True 时表示该点位于横轴上方与 $y=x^2+1$ 方程曲线之间，不包括边界[图 3-1(b)]。

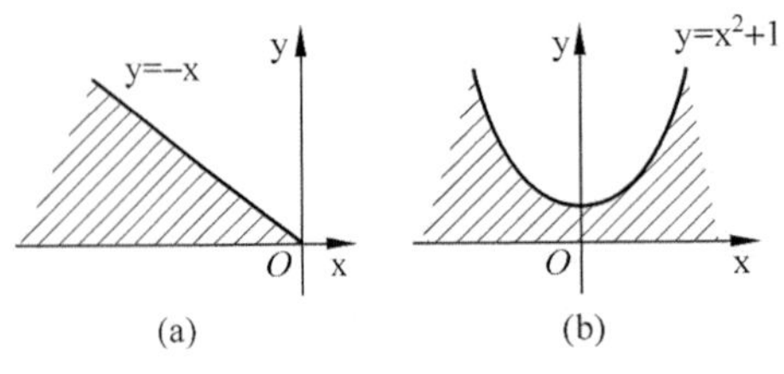

图 3-1 坐标图

二、选择题

1. 表达式 x－1＞x 是________。

(A) 算术表达式　(B) 非法表达式　(C) 字符串表达式　(D) 关系表达式

2. 代数表达式$\frac{e^{\lg x}}{2y+1}-\frac{\text{arctg}x}{xy}$对应的 Visual Basic 表达式是________。

(A) e ^ Log(x) / (2 y ＋ 1) － Atn(x) / x ＊ y

(B) Exp(Log(x) / Log(10)) / (2 ＊ y ＋ 1) － Atn(x) / x / y

(C) e ^ Log(x) / Log(10) / (2 ＊ y ＋ 1) － Tan(x) / (x ＊ y)

(D) Exp(Ln(x) / Ln(10)) / (2 ＊ y ＋ 1) － Tan(x) / x / y

3. 代数式$\sqrt{\frac{1+\frac{a+b}{c+d}}{\ln(a)}}$对应的 Visual Basic 表达式是________。

(A) sqr((1＋(a＋b)/(c＋d))/log(a))

(B) (1＋(a＋b)/(c＋d))/log(a)/2

(C) sqr((1＋(a＋b)/(c＋d))/ln(a))

(D) sqr((1＋a＋b/c＋d)/log(a))

4. 圆心在原点上的两个同心圆，半径分别为 2 和 4。描述点(x,y)在小圆外但在大圆内(包括在两个圆周上)的表达式为________。

(A) ABS(x) ＜＝4.0 And ABS(y) ＞＝2.0

(B) 2.0 ＞＝ Sqr(x＊x＋y＊y) ＜＝4.0

(C) x＊x＋y＊y ＜＝16.0 And x＊x＋y＊y ＞＝4.0

(D) (x Or y)＞＝2.0 And (x Or y) ＜＝4.0

5. 判断 y 的值是否大于 x 且小于 z 的 Visual Basic 表达式是________。

(A) x＜y＜z　(B) x＜y And x＜z

(C) x＜y Or x＜z　(D) x＜y And y＜z

6. “x 是小于 100 的非负数”，用 Visual Basic 表达式应当表示为________。

(A) 0＜＝x＜100　(B) 0＜x＜100

(C) 0＜＝x　And　x＜100　(D) 0＜＝x Or x＜100

7. 下列 5 个表达式中，表达式的值是 True 的有________。

① False Or True　② 1 ＞＝ 1

③ 2 ＝ 2 ＝ 2　④ 3 ＞ 2 ＞ 1

⑤ InStr("Visual Basic", "Basic")

(A) 全部　(B) ①②③④

(C) ①②　(D) ③④

8. 以下关系表达式中，其值为 False 的是________。

(A) "XYZ"＜"Xyz"　(B) "VisualBasic" ＝ "Visual Basic"

(C) "the"＜"there"　(D) "Integer"＞"Int"

9. 下列表达式值为 False 的是________。

(A) Not (Sqr(4) − 3 > −2) Or 5.4 \ 2.7 < 2 Mod 5

(B) "ABC" Like "[ABC]"

(C) Val(&HFFFF) < False

(D) Int(−5.4) < Fix(−5.4)

10. 设 x=9 :y=8:z=7,表达式 x<y And (Not y>z) Or z 的值是________。

(A) 9　　(B) 7　　(C) True　　(D) False

11. 设 a=3,b=5,则以下表达式值为 True 的是________。

(A) a>=b And b>10

(B) (a>b) Or (b>0)

(C) (a<0) Eqv (b>0)

(D) (−3+5>a) And (b>0)

12. 下列 5 个表达式中,值为 True 的有________。

① 2=2=2　　② 3>2>1　　③ "123" > "99"　　④ Str(2000) < "1997"

⑤ False Xor True　　⑥ LCase("ABC") > UCase("abc")

(A) 全部　　(B) ① ② ③　　(C) ① ③ ⑤　　(D) ④ ⑤ ⑥

13. 下列 Visual Basic 表达式中值为 True 的是________。

(A) True And Not True

(B) Not (True Or False)

(C) Not False And Not True

(D) Not False Or Not True

14. 下面________表达式的值为 False。

(A) "n" & "969" < "n97"

(B) InStr("visualbasic","b") < > Len("basic")

(C) Str(2000) < "1997"

(D) UCase("aBC") > "aBC"

15. 在 Visual Basic 中,下列运算符中优先级最高的是________。

(A) *　　(B) \　　(C) <　　(D) Not

16. 下列运算符中,优先级最高的是________。

(A) Or　　(B) >=　　(C) And　　(D) *

17. 下列运算符中,优先级最低的是________。

(A) And　　(B) +　　(C) <>　　(D) &

18. 在一个表达式中,如果运算符不止一种时,应该按照运算符间的优先顺序进行运算,从几种运算符类来说,这个优先顺序为________。

(A) 算术、逻辑和比较运算符　　(B) 逻辑、算术和比较运算符

(C) 算术、比较和逻辑运算符　　(D) 逻辑、比较和算术运算符

19. 表示"x>y>z"关系的正确的 Visual Basic 逻辑表达式是________。

(A) x>y And y>z　　(B) x>y>z

(C) x>y Or y>z　　(D) x>y And >z

20. 下列关于语句"If a=b=c Then a=b Else a=c"的描述中,正确的是________。

(A) 前两个＝是比较运算符，后两个＝是赋值号
(B) 第一个＝是比较运算符，后三个＝是赋值号
(C) 第二个＝是比较运算符，其余三个＝是赋值号
(D) 前两个＝是赋值号，后两个＝是比较运算符

21. 下列 7 个表达式中，表达式的值不是数值 5 或 5.0 的有________。
① Sqr(25)　② 25 ^ 0.5　③ 55 Mod 10　④ 5.5 \ 1.2
⑤ 5 * 3 / 15 * 5　⑥ Abs(5 － 10)
⑦ (3 * 3 ＋ 4 * 4) ^(1 / 2)
(A) ④　(B) ②⑥　(C) ①⑤⑦　(D) ③

22. 表达式 12＋"34"的值是________。
(A) "1234"　(B) "12""34"　(C) 46　(D) "46"

23. 已知 x＝2，y＝9，z＝4，逻辑表达式 x＞y OR z＞x AND x＜y AND NOT z＞y 的值是________。
(A) True　(B) －1　(C) 0　(D) False

24. 表达式 4＋5 \ 6 * 7 / 8 Mod 9 的值是________。
(A) 4　(B) 5　(C) 6　(D)7

25. 表达式 6.5 * 5 Mod 28 \ 8 And Not 5 － 3 ＜ 0 的值是________。
(A) 0　(B) 1　(C) 2　(D) 3

26. 若变量 x 的值是一个正实数，对其第 3 位小数进行四舍五入处理(只剩两位小数)的表达式是________。
(A) 0.01 * Int(x＋0.005)　(B) 0.01 * Int(100 * (x＋0.005))
(C) 0.01 * Int(100 * (x＋0.05))　(D) 0.01 * Int(x＋0.05)

27. 下列程序段的执行结果为________。

```
x = 1: y = 2
z = x = y
Print x; y; z
```

(A) 1　1　2　(B) 1　1　1
(C) False　False　(D) 1　2　Fasle

28. 如果变量 BoolVar 是一个逻辑型变量，那么语法正确的赋值语句是________。
(A) BoolVar＝"True"＝"False"　(B) BoolVar＝"Yes"
(C) BoolVar＝＃False＃　(D) BoolVar＝＃True＃

29. 下列________组语句可以实现将变量 x、y 的值互换。
(A) x＝y ：y＝x
(B) y＝y＋2 * x ：x＝y－2 * x ：y＝(y－x)/2
(C) x＝x＋y ：x＝x－y ：y＝x－y
(D) y＝y＋2x　：x＝y－2x　：y＝(y－x)/2

30. 如果 x ＝ 2，则语句 Print 1 ＋ 2；"＝"；x ＋ 2 执行后，输出的结果是________。
(A) 1 ＋ 2 "＝" x ＋ 2　(B) 3 ＝ 4
(C) 3；＝ ；4　(D) 1 ＋ 2 "＝" 2 ＋ 2

31. 下列对窗体的 Print 方法的调用：Print 1＋2；"＝"；1＋2，执行后输出的结果是________。

(A) 1＋2"＝"3　(B) 3＝3　(C) 3；＝3　(D) 1＋2＝3

32. 下列语句执行后，输出结果是________。

```
Dim x As Single, y As Single
x = 3.2 :  y = 7.6
Print "x + y = " & x + y
```

(A) x＋y＝10.8　(B) x＋y＝x＋y　(C) x＋y　(D) 10.8

33. 设 x＝4，y＝6，下述语句中可以在窗体上显示出“A＝10”的语句是________。

(A) Print　A＝x＋y　(B) Print　"A＝ x＋y"

(C) Print　A＝"x＋y"　(D) Print　"A＝" & x＋y

34. 设 a＝9：b＝8：c＝7，执行语句 Print a＞b＞c 后，窗体上将显示________。

(A) True　(B) False

(C) 1　(D) 显示语法出错信息

第4章 控制结构

一、选择题

1. Visual Basic 提供的结构化程序设计的三种基本结构是________。
   (A) 选择结构、过程结构、顺序结构
   (B) 选择结构、循环结构、顺序结构
   (C) 过程结构、转向结构、递归结构
   (D) 递归结构、选择结构、循环结构
2. 针对语句 If i = 1 Then j = 1,下列说法正确的是________。
   (A) i = 1 和 j = 1 均为赋值语句
   (B) i = 1 和 j = 1 均为关系表达式
   (C) i = 1 为赋值语句,j = 1 为关系表达式
   (D) i = 1 为关系表达式,j = 1 为赋值语句
3. 对于语句 If a=1 Then a=b=2,下列的说法正确的是________。
   (A) 第 1 个=是关系运算符,后两个=是赋值号
   (B) 第 1 个=是赋值号,后两个=是关系运算符
   (C) 第 1 个和第 3 个=是关系运算符,第 2 个是赋值号
   (D) 3 个=均为关系运算符
4. 对于 Do…Loop 循环,错误的叙述为________。
   (A) 当型循环是条件表达式的值为 True 时执行循环体
   (B) 直到型循环是条件表达式的值为 True 时执行循环体
   (C) 在循环体中可以包含 For…Next 循环结构及 IF 语句
   (D) 可采用 Exit Do 语句强制结束循环
5. 下列程序段的执行结果为:

```
a = 6
For k = 1 To 0
    a = a + k
Next k
Print k; a
```

   (A) -1　6　　(B) -1　16　　(C) 1　6　　(D) 11　21

6. 下面程序段在运行时会出现"溢出"错误。

```
Dim n As Integer
n = Val(Text1.Text)
Do
   If n Mod 2 = 0 Then
      n = n + 1
   Else
      n = n + 2
   End If
Loop Until n = 1000
```

下面关于本程序段的说法中正确的是________。

(A) 给 n 输入任何整数都会出现溢出

(B) 只有给 n 输入偶数时才会出现溢出

(C) 只有给 n 输入奇数时才会出现溢出

(D) 只有给 n 输入大于 1000 的整数时才会出现溢出

7. 运行下面的程序段后,窗体上显示的值是________。

```
Dim i As Integer, j As Integer, n As Integer
j = 10
For i = 1 To j
    n = n + j
    j = j + 1
    i = i + 1
Next
Print n
```

(A) 145　　(B) 60　　(C) 50　　(D) 程序出现溢出错误

二、读程序题

1. 运行下列程序,单击命令按钮,在输入框中输入 0.5,则输出结果为____①____;若输入 8,则输出结果为____②____。

```
Private Sub Command1_Click()
    Dim x As Single, y As Single
    x = InputBox("请输入一个数")
    If x < 0 Then
        y = 0
    ElseIf 0 <= x <= 1 Then
        y = x
    Else
        y = 1
    End If
    Print "y="; y
End Sub
```

2. 下面程序段在窗体上显示的是________。

```
For k = 1 To 3
    s = 0
```

```
        If k < 1 Then
            x = 1
        ElseIf k < 2 Then
            x = 2
        ElseIf k < 3 Then
            x = 3
        Else
            x = 4
        End If
        Print x;
        s = s + x
    Next
    Print s
```

3. 运行下列程序段，显示结果为________。

```
Dim x As Integer
x = 2
Select Case x
    Case Is < -3
        Print (x + 1) / (x + 3)
    Case -3 To 3
        Print x * x + 1
    Case Is > 3
        Print (x + 1) / (x - 3)
End Select
```

4. 依次单击窗体四次，第一次输入 6，第二次输入 7，第三次输入 8，第四次输入 9，窗体上显示结果的最后两行数据为____①____、____②____。

```
Private Sub Form_Click()
    Dim x As Integer
    Static s As Integer
    x = Val(InputBox("x="))
    Select Case x Mod 3
        Case 0
            s = s * x
        Case 1
            s = s - x
        Case Else
            s = s + x
    End Select
    Print "s="; s
End Sub
```

5. 下面程序段在窗体上显示的是________。

```
x = 1
Do While x < 20
    x = x + 1
    x = x * x
Loop
```

```
Print x
```

6. 运行下面的程序，单击窗体后，显示的第一行内容为 ① ，第二行内容为 ② 。

```
Private Sub Form_Click()
    Dim a1 As Integer, a2 As Integer, i As Integer
    Do Until i = 7
        a1 = a1 + i
        a2 = a2 * i
        i = i + 1
    Loop
    Print a1:  Print a2
End Sub
```

7. 运行下面的程序，单击窗体后在窗体上显示的第二行输出结果是________。

```
Private Sub Form_Click()
    Dim n1 As Integer, n2 As Integer, n3 As Integer
    n1 = 1: n2 = 1
    Print n1; n2
    Do While n3 < 5
        n3 = n1 + n2
        Print n3;
        n1 = n2: n2 = n3
    Loop
End Sub
```

8. 在窗体上画一个名称为 Command1 的命令按钮，然后编写如下事件过程：

```
Private Sub Command1_Click()
    Dim num As Integer
    num = 1
    Do Until num > 6
        Print num;
        num = num + 2.4
    Loop
End Sub
```

程序运行后，单击命令按钮，则窗体上显示的内容是________。

9. 运行下面的程序，单击窗体后在窗体上显示的输出结果是________。

```
Private Sub Form_Click()
    Dim int1 As Integer, int2 As Integer
    int1 = 2
    int2 = 0
    Do While int1 < 20
        int2 = int1 + int2
        int1 = int1 * (int1 + 1)
    Loop
    Print int2
End Sub
```

10. 本程序用于验证一个自然数 n 的立方等于 n 个连续奇数之和，其中最大的奇数为 p=n*(n+1)-1。例如，4^3=19+17+15+13，最大的奇数为 19。运行程序，在文本框 Text1 中分别输入 4 和 6 时，单击 Command1 按钮后的显示结果分别是___①___和___②___。

```
Private Sub Command1_Click()
    Dim n As Long, num As Long, p As Long, x As Long, s As String
    n = Text1. Text
    num = n * n * n
    p = n * (n + 1) - 1
    x = p
    k = 1
    Do Until x = num
        p = p - 2
        x = x + p
        k = k + 1
    Loop
    Print k; p
End Sub
```

11. 运行下面的程序，当单击窗体时，窗体上显示的内容是________。

```
Private Sub Form_Click()
    Dim s1 As String, s2 As String, s3 As String, i As Integer
    s1 = "A"
    s2 = "1"
    s3 = "a"
    For i = 1 To 4
        s1 = s1 & Chr(65 + i)
        s2 = s2 + CStr(i + 1)
        s3 = s3 & Chr(97 + i)
    Next
    Print s1 + s2 + s3
End Sub
```

12. 执行下面的程序段，当单击窗体时，显示在窗体上的内容是________。

```
Private Sub Form_Click()
    Dim I As Integer, Sum As Integer
    For I = 0.5 To 8.5 Step 2.5
        Sum = Sum + I * 10
    Next I
    Print Sum, I
End Sub
```

13. 下列程序段运行后，在窗体上显示的 * 号有___①___行，共___②___个。

```
For i = 1 To 5
  For j = i To 5
     Print "*";
  Next
```

```
    Print
Next
```

14. 单击窗体后下列程序运行结果的最后一行数据为________。

```
Private Sub Form_Click()
    Dim i As Integer , j As Integer
    For i = 1 To 5
        Print Space(5 - i);
        For j = 1 To i
            Print Trim(Str(i));
        Next j
        Print
    Next i
End Sub
```

15. 下列程序运行后，P 的值为___①___，i 的值为___②___。

```
Private Sub Command1_Click()
    Dim P As Integer, i As Integer, j As Integer, k As Integer
    For i = 0 To 10 Step 3
        For j = 5 To 100 Step 20
                For k = -10 To -5
                    P = P + 1
        Next k, j, i
    Print P, i
End Sub
```

16. 阅读下面的程序段，最后输出变量 a 的值是________。

```
a = 0
For i = 1 To 3
    For j = 1 To i
        For k = j To 3
            a = a + 1
        Next
    Next
Next
Print a
```

17. 运行下列程序，在文本框中输入如图 4-1 所示的内容，然后单击 Command1 命令按钮，则在窗体上输出的第一行和第二行内容结果分别是___①___和___②___。

```
Private Sub Command1_Click()
    Dim a As String, sum As Integer
    Dim k As Integer, n As Integer
    a = Text1.Text
    k = 1
    n = 1
    sum = 0
    Do While n <> 0
      n = InStr(k, a, "n")
```

```
        If n > 0 Then sum = sum + 1
        k = n + 1
    Loop
    Print sum
    Print n
End Sub
```

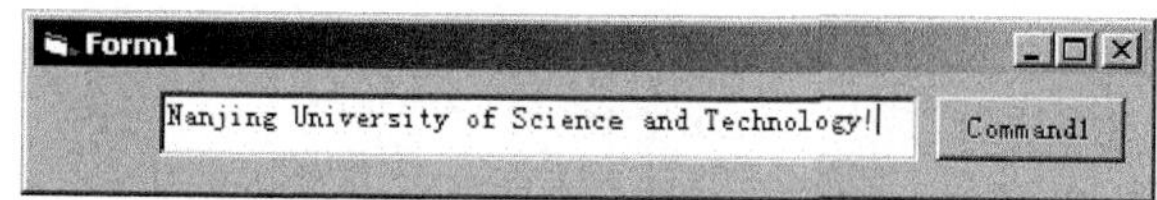

图 4-1 文本框

三、完善程序题

1. 在窗体上添加一个名称为 Command1 的命令按钮，然后编写如下事件过程：

```
Private Sub Command1_Click( )
    Dim n As Integer, f As Single, s As Single, i As Integer
    n = 5
    f = 1
    s = 0
    For i = 1 To n
        f = ____①____ * i
        s = s + ____②____
    Next
    Print s
End Sub
```

该事件过程的功能是计算 $s=1+\frac{1}{2!}+\frac{1}{3!}+\cdots+\frac{1}{n!}$，请在画线处添上适当内容使程序完整。

2. 下列程序用来计算 $N=\begin{cases}\sqrt{A^2-AB} & (A>5)\\ A+B & (1\leqslant A\leqslant 5)\\ B/A & (A<1)\end{cases}$，请在画线处添上适当内容使程序完整。

```
Private Sub Command1_Click()
    Dim A As Single, B As Single, N As Single
    A = Val(Text1.Text)
    B = Val(Text2.Text)
    Select Case A
        Case ____①____
            N = ____②____
        Case ____③____
            N = A + B
        Case else
            N = B/A
    End Select
    text3.Text = N
```

```
End Sub
```

3. 下面的事件过程用于判断两个文本框中整数之和落在哪个区间中，请完善之。

```
Private Sub Cmd1_Click()
    Dim int1 As Integer, int2 As Integer
    int1 = txt1.Text: int2 = txt2.Text
    Select Case int1 + int2
        Case ____①____
            txt3.Text = "两数之和为 0 或 10"
        Case 1 To 9
            txt3.Text = "两数之和在 1～9 之间(包括 1、9)"
        Case ____②____
            txt3.Text = "两数之和在 11～15 之间(包括 11、15)"
        Case ____③____
            txt3.Text = "两数之和在 15～20 之间(不包括 15、20)或为负值"
        Case Else
            txt3.Text = "两数之和大于 20"
    End Select
End Sub
```

4. 本程序根据下式计算 $\sin^{-1}x$ 的值(通项的值小于 10^{-6}时停止计算)，请完善之。

$$\sin^{-1}x = x + \frac{1}{2} \cdot \frac{x^3}{3} + \frac{1 \times 3}{2 \times 4} \cdot \frac{x^5}{5} + \frac{1 \times 3 \times 5}{2 \times 4 \times 6} \cdot \frac{x^7}{7} + \cdots$$

```
Private Sub Command1_Click()
    Dim x As Single, y As Single, t As Single
    Dim a As Single, b As Single, n As Single
    x = CSng(Text1.Text)
    y = ________①________
    b = 1
    n = 2
    Do
        a = x ^ (2 * n - 1) / (2 * n - 1)
        b = ________②________
        t = a * b
        y = y + t
        n = n + 1
    Loop While ________③________
    Text2.Text = y
End Sub
```

5. 本程序根据下式计算函数 $\sin^{-1}x$ 的值(通项的值小于 10^{-6}时停止计算)，请完善之。运行界面如图 4-2 所示。

$$\sin^{-1}x = x + \frac{1}{2} \cdot \frac{x^3}{3} + \frac{1 \times 3}{2 \times 4} \cdot \frac{x^5}{5} + \frac{1 \times 3 \times 5}{2 \times 4 \times 6} \cdot \frac{x^7}{7} + \cdots$$

```
Private Sub Command1_Click()
    Dim x As Single, y As Single, t As Single
    Dim a As Single, b As Single, n As Single
    x = CSng(Text1.Text)          '转换为单精度浮点数
```

```
    y = x:     b = 1:     n = 2
    Do
        a = x ^(2 * n - 1) / (2 * n - 1)
        b = b * (2 * n - 3) / ____①____
        t = a * b
        y = y + t
        ____②____
    Loop While Abs(t) >= 0.000001
    Text2.Text = ____③____
End Sub
```

图 4-2　运行界面

6. 下面事件过程用于计算并输出下式的值，请完善此程序。

$$\frac{1}{1\times2\times3}+\frac{1}{2\times3\times4}+\frac{1}{3\times4\times5}+\cdots+\frac{1}{10\times11\times12}$$

```
Private Sub Command1_Click()
    Dim y As Double
    Dim k As Integer, n As Integer, m As Integer
    y = 0
    For n = 1 To 10
        k = ____①____
        For m = 1 To 2
            k = k * (n + m)
        Next
        y = ____②____
    Next
    Print y
End Sub
```

7. 下列程序验证从文本框中输入的正整数是否为质数(素数)，请完善程序。

```
Private Sub cmdPrime_Click()
    Dim n As Integer, i As Integer
    n = txtInput.Text
    If n < 1 Then
        txtOutput.Text = "请输入自然数"
    ElseIf n = 1 Then
        txtOutput.Text = "1 不是质数"
    ElseIf n = 2 Then
        txtOutput.Text = "2 是质数"
    ____①____
        For i = 2 To n - 1
            If ____②____ Then
                ____③____
            End If
        Next
        If ____④____ Then
            txtOutput.Text = n & "不是质数"
        Else
            txtOutput.Text = n & "是质数"
```

```
        End If
    End If
End Sub
```

8. 下面的程序用于判断一个数是否为素数。程序界面如图 4-3 所示。通过单击“产生一个随机数”按钮在文本框中产生一个 500～1000 之间的随机整数(包括 500 和 1000),然后单击“判断是否为素数”按钮(其对象名为 cmdPrime)判断该数是否为素数,并将判断结果以消息框显示。如果判断时文本框的内容为空,则给出“请先产生一个随机数”的提示信息。请完善此程序。

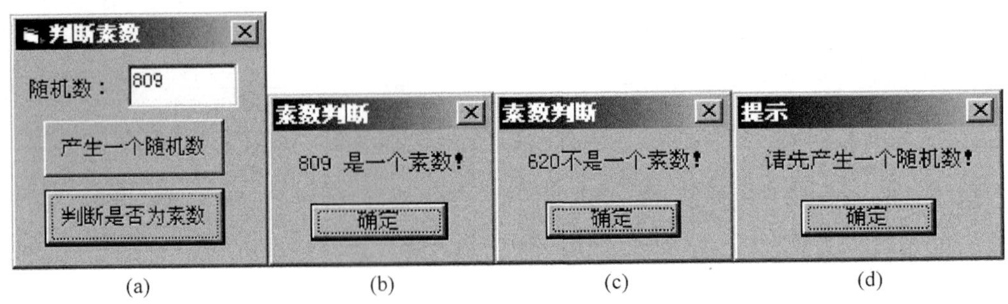

图 4-3 判断素数

```
Private Sub    ①    
    Dim blnPrime As Boolean, n As Integer, i As Integer
    If Text1.Text = "" Then
        MsgBox "请先产生一个随机数!", vbOKOnly, "提示"
        Exit Sub
    End If
    n = Val(Text1.Text)
    For i =    ②    To Int(Sqr(n))
        If n Mod i = 0 Then
               ③    : Exit For
        End If
    Next i
    If blnPrime = True Then
        MsgBox Text1.Text & "不是一个素数!", vbOKOnly, "素数判断"
    Else
        MsgBox Text1.Text & "是一个素数!", vbOKOnly, "素数判断"
    End If
End Sub

Private Sub cmdProduce_Click()
    Randomize
    Text1.Text = CInt(Rnd * 500 +    ④    )
End Sub
```

9. 如果正整数 n 的平方是一个降序数,则输出 n 及其平方数(见图 4-4),本程序段求 1～30 之间所有满足条件的 n。降序数是指低位不大于高位的数,一位数也认为是降序数,如 9、64、441 都是降序数,而 625 不是降序数。请完善下列程序。

```
Dim n As Integer, m As Integer, k As Integer
For n = 1 To 30
    m = n * ____①____
    If m < 10 Then
        Print n, m
    ElseIf ____②____ Then
        If m Mod 10 < m \ 10 Then
            Print n, m
        End If
    Else
        If m Mod 10 <= m \ 10 Mod 10 And m \ 10 Mod 10 <= ____③____ Then
            Print n, m
        End If
    End If
Next
```

Form1	
1	1
2	4
3	9
8	64
9	81
10	100
20	400
21	441
29	841
30	900

图 4-4　输出数据

10. “水仙花数”是指各位数字的立方和等于其自身的三位正整数。本程序求出所有的水仙花数并将其列在窗体上，同时在文本框中显示水仙花数的个数。请完善下列程序。

```
Private Sub Command1_Click()
    Dim i As Integer, n As Integer
    Dim a As Integer, b As Integer, c As Integer
    n = 0
    For i = 100 To 999
        a = i \ 100
        b = ____①____
        c = i Mod 10
        If ____②____ = a ^ 3 + b ^ 3 + c ^ 3 Then
            n = n + 1
            Print i
        End If
    Next
    Text1.Text = ____③____
End Sub
```

11. 本程序(界面如图 4-5 所示)将 0～255 之间的十进制整数转换为二进制表示形式。在上面的文本框中输入十进制数，单击“转换”按钮，该十进制数的二进制形式显示在下面的文本框中。请完善此程序。

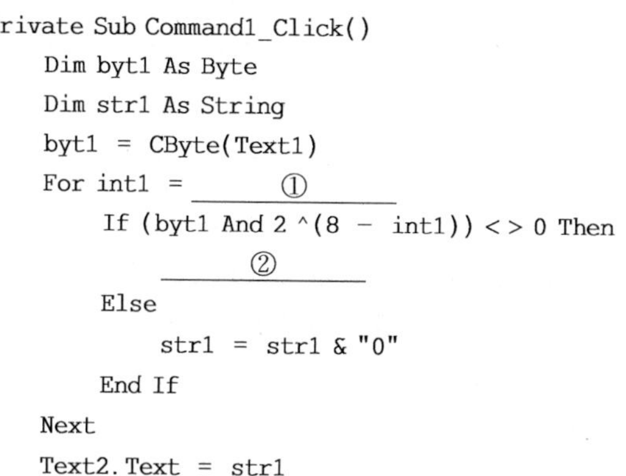

```
Private Sub Command1_Click()
    Dim byt1 As Byte
    Dim str1 As String
    byt1 = CByte(Text1)
    For int1 = ____①____
        If (byt1 And 2 ^(8 - int1)) <> 0 Then
            ____②____
        Else
            str1 = str1 & "0"
        End If
    Next
    Text2.Text = str1
```

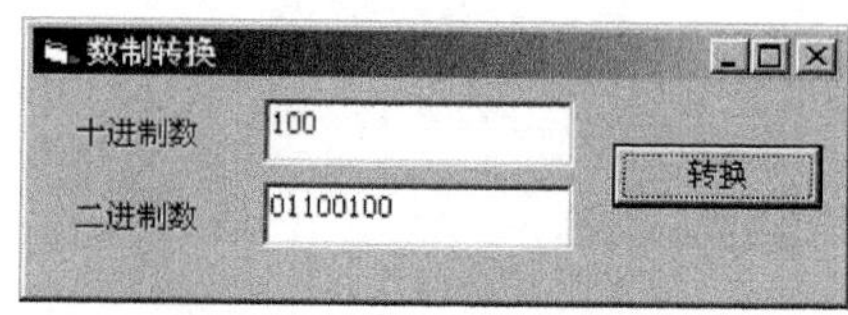

图 4-5　数制转换

```
End Sub
```

12. 本程序用于判断一个随机产生的数是否为素数。程序界面如图 4-6 所示。通过单击按钮 cmdProduce 在文本框 Text1 中产生一个[100,1000)之间的随机正整数,然后单击按钮 cmdDecide 来判断该数是否为素数,并将判断结果显示在消息框中。如果文本框 text1 的内容为空,则给出“请先产生一个随机数!”的提示信息。请完善此程序。

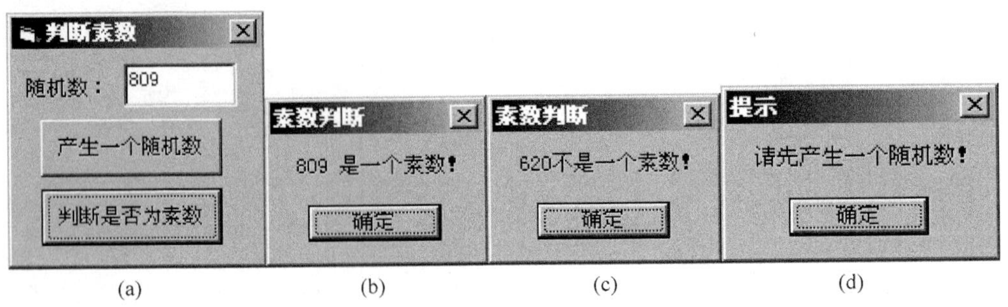

图 4-6　判断素数

```
_______①_______
Private Sub cmdDecide_Click()
    Dim blnPrime As Boolean, i As Integer
    If Text1.Text = "" Then
        MsgBox "请先产生一个随机数!", vbOKOnly, "提示"
        _______②_______
    End If
    For i = 2 To Int(Sqr(n))
        If ____③____ Then
            blnPrime = True: ____④____
        End If
    Next i
    If blnPrime Then
        MsgBox n & "不是一个素数!", vbOKOnly, "素数判断"
    Else
        MsgBox n & " 是一个素数!", vbOKOnly, "素数判断"
    End If
End Sub
Private Sub cmdProduce_Click()
    Randomize
    n = ____⑤____
    Text1.Text = n
End Sub
```

13. 下面的程序采用辗转相除法求两个数的最大公约数。程序界面如图 4-7 所示。首先通过文本框 Text1 和 Text2 分别给出两个整数,然后单击按钮 cmdGYS 求这两个数的最大公约数,并显示在文本框 Text3 中。如果没有给出两个数,则给出一个提示消息框。请完善此程序。

```
Private Sub cmdGYS_Click()
    Dim m As Integer, n As Integer
```

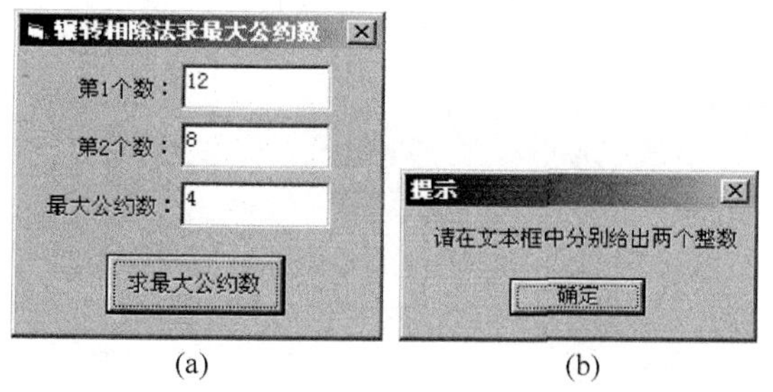

(a) (b)

图 4-7 求最大公约数

```
    Dim t As Integer, r As Integer
    If Text1.Text = ""_____①_____Text2.Text = "" Then
        MsgBox "请在文本框中分别给出两个整数", vbOKOnly, "提示"
        _____②_____
    End If
    m = Val(Text1.Text)
    n = Val(Text2.Text)
    Do
        r = _____③_____
        m = n
        n = r
    Loop While _____④_____
    Text3.Text = Trim(Str(m))
End Sub
```

第5章 过程

一、判断题

1. 调用通用 Sub 过程时，可采用 Call 语句调用和用过程名直接调用两种方法。（　）

2. 通用过程需要其他过程显式地调用，否则不会被执行。（　）

二、填空题

1. 在定义过程时，若形参前有关键字“ByVal”或没有关键字，分别表明该参数为___①___参数或___②___参数。

2. 在定义过程时，若形参前有关键字"ByRef"，表明该参数为________传递参数。

3. 数组作形参时，参数的传递是按________传递的，实参数组的数据类型必须与形参数组的数据类型相一致。

三、选择题

1. 在 Visual Basic 中，不存在下面的________语句。
   (A) Exit Do　(B) Exit Sub　(C) Exit Function　(D) Exit If

2. 如果编写的过程要被多个窗体及其对象调用，应将这些过程放在下面________模块中。
   (A) 用户控件模块　(B) 标准模块　(C) 工程　(D) 类模块

3. Sub 过程与 Function 过程最根本的区别是________。
   (A) 前者可以使用 Call 或直接使用过程名调用，后者不可以
   (B) 后者可以有参数，前者不可以
   (C) 两种过程参数的传递方式不同
   (D) 前者无返回值，但后者有

4. 对于 Function 过程(即函数过程)的描述，以下叙述中错误是________。
   (A) 可用调用 Sub 过程的方法来调用 Function 过程
   (B) 可在表达式中调用 Function 过程
   (C) 定义 Function 过程时，必须有形式参数
   (D) 调用 Function 过程时，实参可以是常量、变量、数组名及表达式

5. 以下描述正确的是________。

(A) 过程的定义可以嵌套,但过程的调用不能嵌套
(B) 过程的定义不能嵌套,但过程的调用可以嵌套
(C) 过程的定义和调用都可以嵌套
(D) 过程的定义和调用都不能嵌套

6. 事件过程的形式参数的个数、数据类型________。
(A) 都要由用户定义　(B) 有的由用户定义,有的由系统定义
(C) 都是由系统预先定义　(D) 是不固定的

7. 以下叙述中,错误的是________。
(A) 一个工程中可以包含多个窗体文件
(B) Call 语句只能调用通用过程,不能调用事件过程
(C) 一个工程只能有一个启动对象
(D) 用 Dim 定义的窗体模块级变量只能在该窗体中使用

8. 下面关于参数传递的说法中,正确的是________。
(A) 按值传递是 Visual Basic 的默认传递方式
(B) 如果实参是一个常量或表达式,则进行的参数传递方式不可能是按地址传递
(C) 调用过程时,实参的个数必须与形参个数相同
(D) 数组的单个元素不能作实参

9. 下列关于过程的参数传递方式的说法中错误的是________。
(A) 按地址传递是默认方式
(B) 数组参数必须按地址传递
(C) 自定义数据类型参数必须按地址传递
(D) 按值传递时,形参的数据类型必须与实参的数据类型一致

10. 程序中不同过程之间,不能通过________方式进行数据传递。
① 全局变量　② 模块级变量　③ 形参与实参结合　④ 静态变量
(A) ①②④　(B) ①②③　(C) ②④　(D) ④

11. 在应用程序中定义:Private Sub sub1(x As Integer, ByVal y As Single),调用程序中的变量 w 为单精度型,则正确调用子程序 sub1 的 call 语句是________。
① Call sub1((w), 4)　② Call sub1(w, 4)
③ Call sub1(4, w)　④ Call sub1(False, Asc("w"))
(A) ①　(B) ①③
(C) ①③④　(D) ①②③④

12. 有一函数定义,其首部为:Function f1(x As Integer,y As Integer) As Integer。以下几个函数调用语句,其中不正确的是________。
(A) A=5+f1(3,8)　(B) Call　f1(a,b)
(C) f1 a,b　(D) f1(x,y)=5

四、读程序题

1. 运行以下程序,单击窗体时窗体上显示内容的第一行是____①____,第二行是____②____。

```
Sub Change(x As Integer, ByVal y As Integer)
   Dim t As Integer
   t = x : x = y : y = t
End Sub
Private Sub Form_Click()
    Dim a As Integer, b As Integer
    a = 10: b = 20
    Print "a=" & a; ",b=" & b
    Change b, a
    Print "a=" & a; ",b=" & b
End Sub
```

2. 运行下面的程序，单击窗体后在窗体上显示的第三行输出结果为________。

```
Private Sub Form_Click()
    Dim i As Integer, j As Integer, k As Integer
    i = 1: j = 2
    For k = 1 To 3
        pt i, j, k
    Next
End Sub

Public Sub pt(x As Integer, y As Integer, z As Integer)
    Static m As Integer
    Dim n As Integer
    m = x + y + m
    y = z + n
    Print "m="; m, "n="; n, "z="; z
End Sub
```

3. 在窗体上添加一个名称为Command1的命令按钮，然后编写如下程序：

```
Private Sub Command1_Click( )
    inc 2
    inc 4
End Sub
Static Sub inc(a As Integer)
    Dim x As Integer
    x = x + a
    Print x;
End Sub
```

程序运行后，第一次单击命令按钮时的输出结果为________。

4. 如果单击窗体，显示的内容是____①____；如果将A语句中的两个ByVal关键字删除，显示的内容将是____②____。

```
Private Sub Form_Click()
    Dim i As Integer, j As Integer
    i = 2: j = 4
    Print i, j, Swap(i, j)
End Sub
```

```
Private Function Swap(ByVal x As Integer, ByVal y As Integer) As Integer   'A语句
    Dim t As Integer
    Swap = x + y
    t = x
    x = y
    y = t
End Function
```

5. 写出单击窗体后程序运行结果的两行数据分别为____①____、____②____。

```
Dim x As Integer
Private Sub Form_Load()
    x = 2
End Sub
Private Sub Form_Click()
    Static y As Integer
    y = f(x)
    Print "x="; x; ",y="; y
    Call g(x, y)
    Print "x="; x; ",y="; y
End Sub
Public Sub g(x As Integer, y As Integer)
    x = x + 1 :  y = y + x
End Sub
Public Function f(ByVal x As Integer) As Integer
    x = 2 * x : f = x
End Function
```

6. 运行下列程序，单击命令按钮，在输入框中输入"234"，则输出结果为________。

```
Function fun(ByVal num As Long) As Long
    Dim k As Long
    k = 1
    num = Abs(num)
    Do While num
        k = k * (num Mod 10)
        num = num \ 10
    Loop
    fun = k
End Function

Private Sub Command1_Click()
    Dim n As Long : Dim r As Long
    n = CLng(InputBox("请输入一个数"))       'A语句
    r = fun(n)
    Print r
End Sub
```

7. 下面程序运行时，当单击按钮时显示在窗体上的第二行的内容是____①____，第三行的内容是____②____。

```
Private Sub Command1_Click()
```

```
    Dim x As Single, i As Integer
    x = 1
    For i = 1 To 3
        x = x * i
        Print fun1(x)
    Next i
End Sub
Private Function fun1(x As Single) As Single
    Static y As Single
    y = y + x
    fun1 = y / 2
End Function
```

8. 运行下面的程序，单击按钮 Command1 后，窗体上显示的第五行内容是________。

```
Private Sub Command1_Click()
    Dim x As Integer, y As Integer
    Dim n As Integer, z As Integer
    x = 1: y = 1
    For n = 1 To 6
        z = func1(x, y)
        Print n, z
    Next
End Sub

Private Function func1(x As Integer, y As Integer) As Integer
    Dim n As Integer
    Do While n <= 4
        x = x + y
        n = n + 1
    Loop
    func1 = x
End Function
```

9. 运行下面的程序，单击窗体后在窗体上显示的第一行输出结果为____①____，第三行的结果为____②____。

```
Private Sub Form_Click()
    Dim i As Integer, j As Integer
    i = 1
    j = 2
    Print "i = "; i, "j = "; j
    pt i, j
    Print "i = "; i, "j = "; j
End Sub

Public Sub pt(ByVal x As Integer, ByRef y As Integer)
    Dim n As Integer
    n = x + y
    y = y + n
    Print "x = "; x, "y = "; y, "n = "; n
```

```
End Sub
```

10. 读下列函数 f,然后填空。

```
Private Function f(x As Single, y As Single) As Single
    If x > y Then
        f = (x + y) / 2
    Else
        f = f(f(x + 2, y - 1), f(x + 1, y - 2))
    End If
End Function
```

如果调用上述函数,则 f(4,6)的返回值为____①____;f(3,8)的返回值为____②____。

11. 运行下列程序,单击按钮后输出结果中第二行是____①____;第三行是____②____。

```
Option Explicit
Dim a As Integer, b As Integer
Function fun(x As Integer) As Single
    fun = a + b + x / 2
    a = a + b
    b = a + x
    x = b + a
End Function

Private Sub Command1_Click()
  Dim c As Integer
  a = 1: b = 3: c = 5
  Print fun(c)                'A语句
  Print a; b; c               'B语句
  Print fun(c)                'C语句
End Sub
```

12. 下面程序运行后,单击命令按钮,在输入框中输入"234",则窗体上的输出结果为____①____;如果输入的是"1250",则在窗体上的输出结果是____②____。

```
Function Fun(ByVal num As Long) As Long
    Dim k As Long
    k = 1
    num = Abs(num)
    Do While num
        k = k * (num Mod 10)
        num = num \ 10
    Loop
    Fun = k
End Function
Private Sub Command1_Click()
    Dim n As Long
    Dim r As Long
    n = InputBox("请输入一个数.")
    n = CLng(n)
    r = Fun(n)
    Print r
```

```
End Sub
```

13. 单击一次命令按钮 Command1 后，下列程序显示的是________。

```
Private Sub Command1_Click()
    Dim s As Integer, I As Integer
    I = 1
    s = P(I) + P(I + 1) + P(I + 2)
    Print "s="; s
End Sub
Public Function P(N As Integer) As Integer
    Static Sum As Integer
    For N = 1 To 3
        Sum = Sum + N
    Next N
    P = Sum
End Function
```

14. 运行下列程序，单击窗体后的输出结果为____①____；若第四句改为 Sum = Sum + fact ((I))，则输出结果为____②____。

```
Private Sub Form_Click()
    Dim Sum As Integer, I As Integer
    For I = 4 To 1 Step -1
        Sum = Sum + fact(I)
    Next
    Print "Sum="; Sum
End Sub
Private Function fact ( N As Integer) As Integer
    fact = 1
    Do While N > 0
        fact = fact * N
        N = N - 1
    Loop
End Function
```

15. 运行下面的程序，当单击窗体时，窗体上显示的第一行内容是____①____，第二行是____②____。

```
Sub Change(x As Integer, ByVal y As Integer)
   Dim t As Integer
   t = x : x = y :y = t
End Sub

Private Sub Form_Click()
    Dim a As Integer, b As Integer
    a = 10: b = 20
    Print "a=" & a; ",b=" & b
    Change b, a
    Change a, b
    Print "a=" & a; ",b=" & b
End Sub
```

16. 执行下面程序，单击命令按钮 Command1 后，显示在窗体上第一行的内容是___①___，第二行的内容是___②___，第三行的内容是___③___。

```
Private Sub Command1_Click()
    Dim N As Integer, M As Integer
    N = 2
    Do While M < 3
      N = N + 2
      If Fun(N) Then
          Print N
          M = M + 1
      End If
    Loop
End Sub
Private Function Fun(ByVal N As Integer) As Boolean
    If N / 2 = Int(N / 2) Then
      Fun = Fun(N / 2)
    Else
      If N = 1 Then Fun = True
    End If
End Function
```

17. 运行下列程序，单击 Command1 命令按钮，则在窗体上输出的第一行内容是___①___，第二行内容是___②___。

```
Private Sub Command1_Click()
    Dim m As Integer
    For m = 1 To 5 Step 2
        Sub1 m
    Next
End Sub
Private Sub Sub1(y As Integer)
    Static x As Integer
    Do
        Print x;
        x = x + y
        y = y + 1
    Loop While x < y
    Print x
End Sub
```

18. 运行下面的程序，单击按钮 Command1 后，窗体上显示的第一行内容是___①___，第二行内容是___②___，在所有显示的内容中，总共显示的行数是___③___。

```
Private Sub Command1_Click()
    Dim x As Integer, y As Integer
    Dim n As Integer, z As Integer
    x = 0: y = 1
    For n = 1 To 3
        z = func1(x, y)
        Print n, z
```

```
    Next
End Sub
Private Function func1(x As Integer, y As Integer) As Integer
    Dim n As Integer
    Do While n <= 3
        x = x + y
        n = n + 1
    Loop
    func1 = x
End Function
```

19. 读下列程序，然后填空。

```
Private Sub Form_click()
    Dim x As Integer, y As Integer, z As Integer
    x = 1: y = 2: z = 3
    Call MySub(x, x, z)
    Call MySub(x, y, y)
    Print x, y, z
End Sub

Private Sub MySub(x As Integer, y As Integer, z As Integer)
    Static i As Integer
    i = x + z + i
    x = 3 * z + i
    y = 2 * z + i
    z = x + y + i
    Print x, y, z
End Sub
```

运行此程序，第一次单击窗体之后，窗体上显示的第一行内容是___①___；第二行内容是___②___；第三行内容是___③___。

20. 在窗体上画一个名称为 Command1 的命令按钮，然后编写如下事件过程：

```
Private Sub Command1_Click()
    Dim x As Integer, y As Integer, z As Integer
    x = 3: y = 2: z = 1
    Call subone(x, x, y)
    Call subone(y, z, z)
End Sub
Private Sub subone(a As Integer, b As Integer, c As Integer)
    a = 3 * c : b = 2 * c :c = a + b
    Print a, b, c
End Sub
```

程序运行后，单击命令按钮，则窗体上第一行显示的内容是___①___，窗体上第二行显示的内容是___②___。

21. 运行下列程序，当单击窗体后，窗体上显示的第一行内容是___①___，第三行内容是___②___。

```
Private Sub Form_click()
```

```
    test 2
End Sub
Private Sub test(ByVal x As Integer)
    x = x * 2 + 1
    If x < 12 Then
        test x
    End If
    x = x * 2 + 1
    Print x
End Sub
```

22. 运行下面的程序，当单击窗体时，窗体上显示第一行的内容是____①____；最后一行的内容是____②____。

```
Dim x As Integer
Private Sub Form_Click()
    x = -1
    Test
End Sub
Private Sub Test()
    x = x + 1
    If x < 4 Then
        Call Test
    End If
    x = 2 * x
    Print x
End Sub
```

23. 在窗体上画一个名称为 Command1 的命令按钮，然后编写如下事件过程：

```
Private Sub Command1_Click()
    dgbin (50)
End Sub

Private Sub dgbin(a As Integer)
    Dim b As Integer
    b = a \ 3
    If b <> 0 Then Call dgbin(b)
    Print a Mod 3;
End Sub
```

程序运行后，单击命令按钮，则窗体上显示的内容是________。

24. 有如下函数 myfun，当以参数 10 调用此函数时，其返回值是________。

```
Function myfun(x)
    Dim tmp As Integer
    If x <= 1 Then
        tmp = 2
    Else
        tmp = myfun(x - 1) + 2
    End If
    myfun = tmp
```

```
End Function
```

25. 运行下列程序，单击窗体时显示的第一行内容是 ① ，最后一行内容是 ② 。

```
Private Sub conv(ByVal d As Integer, ByVal r As Integer, _
        i As Integer, b() As Integer)
    i = 0
    Do While d <> 0
        i = i + 1
        b(i) = d Mod r
        d = d \ r
    Loop
End Sub
Private Sub Form_click()
    Dim n As Integer, k As Integer, x As Integer, r As Integer
    Dim a(8) As Integer
    r = 2
    For x = 1 To 15
        Print CStr(x); "("; CStr(r); ") = ";
        Call conv(x, r, n, a)
        Print String(8 - n, "0");
        For k = n To 1 Step -1
            Print CStr(a(k));
        Next k
        Print
    Next
End Sub
```

五、完善程序题

1. 下面定义的函数过程根据下式计算 ln(1+x)的函数值，其中，$-1<x<1$，通项的绝对值小于 10^{-6}时停止计算。请填空完善程序。

$$\ln(1+x)=x-\frac{x^2}{2}+\frac{x^3}{3}-\frac{x^4}{4}+\frac{x^5}{5}-\frac{x^6}{6}+\cdots$$

```
Private Function lnplusx(x As Double) As Double
    Dim t As Double, k As Integer
    If Abs(x) < 1 Then
        t = ____①____
        k = 0
        Do
            t = -t * ____②____
            k = k + 1
            lnplusx = lnplusx + ____③____
        Loop While Abs(t/k) > 0.000001
    Else
        MsgBox "请输入(-1,1)之间的数值!"
    End If
End Function
```

2. 已知下式成立：

$$e^x = 1 + x + \frac{x^2}{2!} + \frac{x^3}{3!} + \cdots + \frac{x^n}{n!} + \cdots \quad (-\infty < x < +\infty)$$

其中 e 是自然对数的底。用函数 MyExp 计算并返回 e^x 的值（当通项的值小于 10^{-6} 时，认为达到精度）。请完善程序。

```
Private Function MyExp(x As Single) As Single
    Dim sngTemp As Single
    Dim int1 As Integer
    ____①____
    MyExp = 1
    int1 = 1
    Do
        sngTemp = ____②____
        MyExp = MyExp + sngTemp
        int1 = int1 + 1
    Loop Until Abs(____③____) < 0.000001
End Function
```

3. 本程序实现单击"计算"按钮在列表框中显示变量 x 从 0.1～0.5 的 arcsh(x)函数值（图 5-1），精确到某项的绝对值小于 10^{-6}。arcsh(x)函数的计算公式如下，请完善程序。

$$\text{arcsh}(x) = x - \frac{1}{2}\cdot\frac{x^3}{3} + \frac{1\cdot 3}{2\cdot 4}\cdot\frac{x^5}{5} - \frac{1\cdot 3\cdot 5}{2\cdot 4\cdot 6}\cdot\frac{x^7}{7} + \cdots + (-1)^n\frac{1\cdot 3\cdot 5\cdot\cdots\cdot(2n-1)}{2\cdot 4\cdot 6\cdots 2n}\cdot\frac{x^{2n+1}}{(2n+1)} + \cdots$$

```
Option Explicit
Private Sub CmdCal_Click()
    Dim x As Single, y As Single
    Dim Ix As Integer
    For Ix = 1 To 5
        ____①____
        y = Arcsh(x)
        List1.AddItem Str(x) & ":" & Str(y)
    Next Ix
End Sub
Public Function Arcsh(x As Single) As Single
    Dim n  As Integer, T As Single, P As Double
    ____②____
    P = x
    n = 0
    Do
        n = n + 1
        T = ____③____
        P = P + T / (2 * n + 1)
    Loop Until ____④____
    ____⑤____
End Function
```

图 5-1　arcsh(x)函数值

4. 用牛顿迭代法求方程 $x^3+2x^2+10x-20=0$ 的根，初始值为 1，收敛精度为 0.0001。

请完善程序。

```
Private Sub Command1_Click()
    Dim x As Single, delta As Single
    _______①_______
    delta = 1
    Do While ___②___
        t = x - f(x) / f1(x)
        delta = Abs(x - t)
        x = t
    Loop
    Print x
End Sub

Function f(x) As Single
    f = x * x * x + 2 * x * x + 10 * x - 20
End Function

Function f1(x) As Single
    f1 = _______③_______
End Function
```

5. 用弦截法求方程 x－2sinx＝0 的根。弦截法的原理为：对于一个方程 f(x)＝0，若 f(x1)和 f(x2)异号，则

$$r = \frac{x1 \cdot f(x2) - x2 \cdot f(x1)}{f(x2) - f(x1)}$$

为方程的一个近似解。如果 f(r)＜e 或|x1－x2|＜e 时(e 为精度)，即认为 r 是方程的根。否则，用 r 取代 x1 或 x2 继续改进近似解。原则是，要保证 f(r)与 f(x1)或 f(x2)异号。当所选两点同号时，必须重新选取。请完善程序。

```
Private Sub Command1_Click()
    Dim x1 As Single, x2 As Single
    Dim e As Single :  Dim r As Single
    e = 0.000001
    x1 = Val(Text1.Text)
    x2 = Val(Text2.Text)
    If f(x1) * f(x2) > 0 Then
        MsgBox ("请重新选取两点.")
        Exit Sub
    End If
    Do
        r = _______①_______
        If Abs(f(r)) < e Or Abs(x2 - x1) < e Then
            _______②_______
        ElseIf  f(r) * f(x1) < 0 Then
            _______③_______
        ElseIf  f(r) * f(x2) < 0 Then
            _______④_______
        End If
    Loop
```

```
        Text3.Text = r
    End Sub

    Private Function f(x As Single) As Single
    ________⑤________
    End Function
```

6. 有一分数数列：$\frac{2}{1},\frac{3}{2},\frac{5}{3},\frac{8}{5},\frac{13}{8},\frac{21}{13},\cdots$。它第 n 项的分子与分母分别是 Fibonacci 数列的第 n+2 项和第 n+1 项。本程序求指定的前 n 项之和（n 通过文本框指定，如图 5-2 所示）。请完善程序。

```
Option Explicit
Private Sub Command1_Click()
    Dim n As Integer
    n = Text1.Text
    Text2.Text = ShuLie(n)
End Sub
Function ShuLie(n As Integer) As Single
    Dim i As Integer, a As Single
    For i = ________①________
        a = a + Fib(i + 2) / ____②____
    Next
    ShuLie = a
End Function
Private Function Fib(n As Integer) As Long
    If n = 1 Or n = 2 Then
        Fib = 1
    Else
        Dim f1 As Long, f2 As Long, f3 As Long
        Dim i As Integer
        f1 = 1: f2 = 1
        For i = 3 To n
            f3 = ____③____
            f1 = f2
            f2 = f3
        Next
        Fib = ____④____
    End If
End Function
```

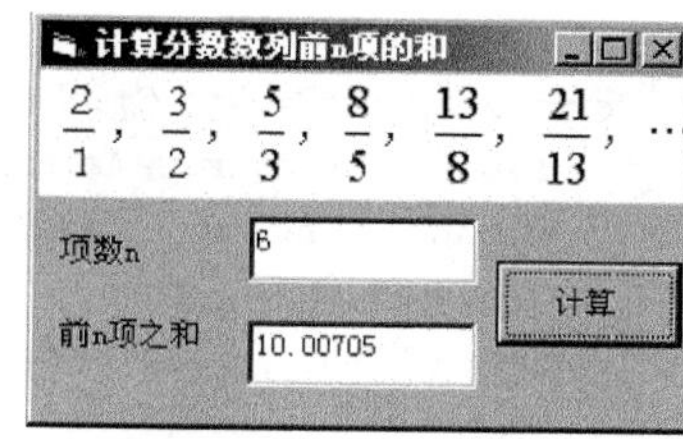

图 5-2　计算分数数列

7. 下面程序的功能是，找出 100 以内所有可以表示成 3 个连续自然数之和的数，例如 6=1+2+3，9=2+3+4 等，单击按钮 cmdExecute 将满足条件的数在列表框 List1 中显示出来，如图 5-3 所示。请完善程序。

```
Option Explicit
Private Function Fun(L As Integer, M As Integer, Js As Integer) ____①____
    Dim I As Integer, Sum As Integer, K As Integer
        For I = 1 To L
        Sum = 0
        K = 0
```

```
        Js = I - 1
        Do While Sum < L And K < 3
            K = K + 1
            Js = Js + 1
            Sum = Sum + Js
        Loop
        If K = 3 And ____②____ Then
            M = I
            ____③____
            Exit For
        End If
    Next I
End Function
Private Sub cmdExcute_Click()
    Dim I As Integer, N As Integer
    Dim Js As Integer, S As String
    For ____④____
        IF Fun(I, N, Js) Then
            S = Str(I) & " = " & N
            Do While N <= Js - 1
                N = N + 1
                S = S & " + " & N
            Loop
            ____⑤____
        End If
    Next I
End Sub
```

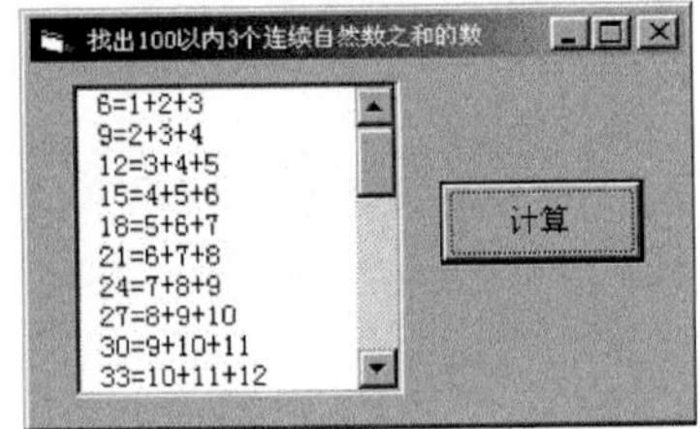

图 5-3 找出 100 以内 3 个连续自然数之和的数

8. 如果用σ(k)表示整数 k 的所有因子(包括 1 和 k 在内)之和。对于两个整数 m 和 n，如果 m<n 且 σ(m)=σ(n)= m+n+1，则 m 和 n 组成的数对被称为“拟互满数”。下面的程序求 40～2000 之间所有的“拟互满数”数对。如图 5-4 所示，程序的窗体界面由一个列表框和一个命令按钮组成。请完善程序。

```
Private Sub Command1_Click()
    Dim n As Integer, i As Integer, j As Integer
    Dim flg As Boolean, m As Integer
    For n = 40 To 2000
        If ____①____ Then
            List1. ____②____ "(" & n & "," & m & ")"
        End If
    Next
End Sub
Private Function f1(n As Integer, m As Integer) As Boolean
    Dim g1 As Integer, g2 As Integer, k As Integer
    g1 = f2(n)
    For k = 40 To n - 1
        g2 = f2(k)
        If ____③____ And g1 = n + k + 1 Then
            f1 = True
            m = ____④____
            Exit For
```

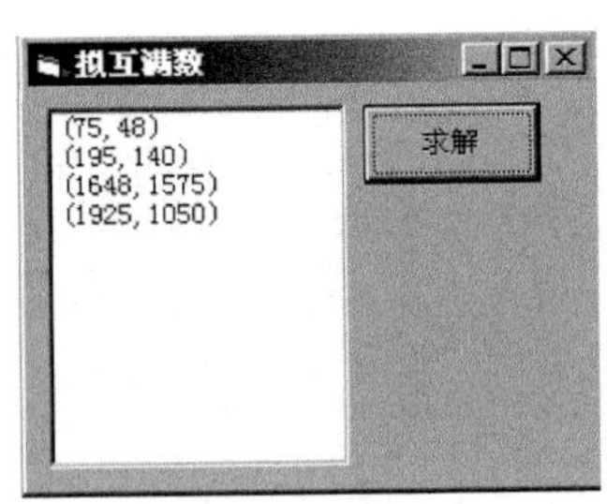

图 5-4 求拟互满数

```
            End If
        Next
    End Function
    Private Function f2(n As Integer) As Long
        Dim i As Integer
        For i = 1 To n
            If n Mod i = 0 Then
                ______⑤______
            End If
        Next
    End Function
```

9. 下列程序使用递归函数计算 Fibonacci 数列的第 n 项值，请在画线处添上适当内容使程序完整。

```
Private Sub Command1_Click( )
    Dim s as integer
    s = 10
    Print Fib(s)
End Sub
Private Function Fib(n As Integer) As Long
    If  n = 1 or n = 2 Then
        ____①____
    Else
        Fib = ____②____
    End If
End Function
```

10. 本程序的功能是将一个不超过 4 位的十进制正整数的每一位转换为一个 4 位二进制数，然后将 4 个二进制数合并成为一个 16 位的二进制数。如果十进制数不足 4 位，则前面以 0 补足。例如，十进制数 147 的转换结果为 0000 0001 0100 0111。请完善程序。

```
Private Sub Command1_Click()
    Dim num As Integer, s As String
    Dim i As Integer, j As Integer, n As Integer
    ____①____ = Text1
    Do While num > 0
        j = j + 1
        n = ____②____
        s = cvt(n) & s
        num = num \ 10
    Loop
    For i = 1 To 4 - j
        s = "0000" & s
    Next
    Text2 = s
End Sub

Private Function cvt(ByVal t As Integer) As String
    Dim i As Integer, b As String, k As Integer
    Do Until t < 1
```

```
        k = t Mod 2
        b = CStr(k) & b
        t = ____③____
    Loop
    If Len(b) < 4 Then
        b = "0000" & b
        cvt = Right(b, 4)
    Else
        ____④____
    End If
End Function
```

11. 本程序中 Fact 函数过程是递归过程，cmdFactor 按钮事件过程调用该函数计算文本框中输入的整数的阶乘值(图 5-5)。如果输入的整数小于 1 或大于 12，则不进行计算。请完善程序。

```
Private Sub cmdFactor_Click()
    Dim n As Integer
    n = txtInput.Text
    If ____①____ Then
        txtResult.Text = "请输入小于 13 的正整数."
        Exit Sub
    End If
    txtResult.Text = Fact(n)
End Sub

Private Function Fact(n As Integer) As Long
    If n > 1 Then
        Fact = n * ____②____
    Else
        Fact = 1
    End If
End Function
```

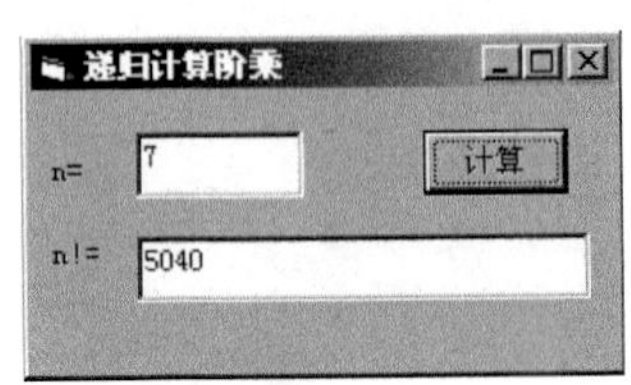

图 5-5 递归计算阶乘

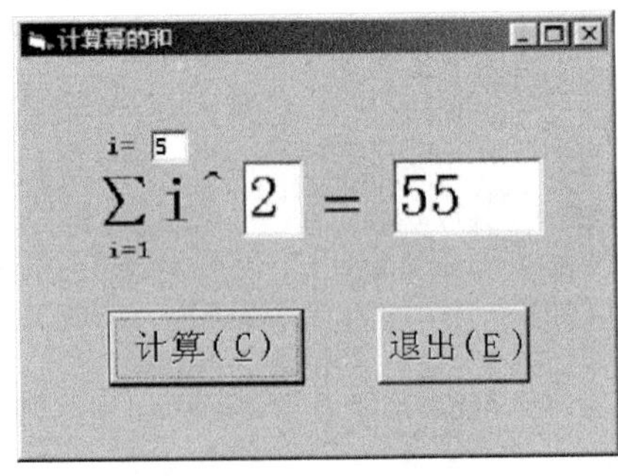

图 5-6 计算幂的和

12. 下面程序计算 $f(x)=1^k+2^k+\cdots+n^k$ 的值。n 和 k 的值通过相应的文本框输入，计算结果也由文本框显示(图 5-6)。请完善程序，并在表 5-1 中填写有关对象属性的值。

表 5-1 填写相关对象属性

对 象	名称(Name)	标题(Caption)	正文(Text)
窗体	frm1	①	(无)
输出文本框	②	(无)	空
"计算"按钮	③	④	(无)

```
Private Sub cmdCal_Click()
    Dim k As Integer, n As Integer, i As Integer
    n = InputBox("请输入 n 值: ", "输入 n")
    txtN.text = n
    k = InputBox("请输入 k 值: ", "输入 k")
    txtK.text = k
    txtOutput.Text = ______⑤______
End Sub
Private Function power(a As Integer, ______⑥______) As Long
    If a = 0 Then
        power = 1
    Else
        power = b * power(______⑦______)
    End If
End Function
Private Function sum(k As Integer, n As Integer) As Long
    Dim i As Integer, s As Long
    For i = 1 To n
      s = ______⑧______
    Next i
    sum = s
End Function

Private Sub cmdExit_Click()
    ______⑨______
End Sub
```

第6章 数组与自定义数据类型

一、填空题

1. 如果在模块的声明段中有 Option Base 0 语句，则在该模块中使用 Dim a(6，-3 To 5)声明的数组有___①___个元素，函数 LBound(a, 2)的返回值为___②___。

2. 如果在模块的声明段有 Option Base 1 语句，则在该模块中使用 Dim a(6,3 To 5)声明的数组有______个元素。

3. 在声明了动态数组以后，还需要用______语句重定义动态数组的维数、元素个数与下标上下界才能使用。

4. 定义全局的自定义数据类型，必须在______模块的声明段中定义。

二、选择题

1. 某个过程有下列的声明语句，其中正确的数组声明语句有______。

```
Const N As Integer = 4
Dim L As Integer
Dim X(L) As Integer                 '①
Dim A(K) As Integer                 '②
Const K As Integer = 3
Dim B(N) As Integer                 '③
Dim Y(2000 to 2008) As Integer      '④
```

(A) ①②④　　(B) ①③④　　(C) ③④　　(D) ②③

2. 在窗体模块“代码窗口”的通用声明处，可以使用______语句定义数组。

① Public A(10) As Integer　　② Dim A(10) As Integer

③ Private A(10)As Integer　　④ Static A(10) As Integer

(A) ①②③　　(B) ②③　　(C) ②③④　　(D) ①②③④

3. 下面声明数组语句中错误的是______。

(A)Private A(-10 To 5)　　(B) Dim A(10,-10 To -10) As Integer

(C) Dim A() As Integer　　(D) Dim A(intNum)　'intNum 是整型变量

4. 在 Option Base 语句的默认设置状态下，对于数组声明：Dim array1(3, 4 To 5) As Integer 而言，下述对其数组元素的引用中正确的是______。

(A) array1(1,2)　　(B) array1(0,5)　　(C) array1 (4)　　(D) array1(4,4)

5. 下面 4 个数组定义语句中错误的是______。

(A) Dim a(10) As Byte　　(B) Dim a(−10) As Byte
(C) Dim a(10,10) As Byte　　(D) Dim a(−10 to 10,−10 to 10) As Byte

6. 用下面语句定义的数组元素个数是________。

```
Dim Arr(3 To 5, - 2 To 2)
```

(A) 20　　(B) 12　　(C) 15　　(D) 24

7. 用语句 Dim b(−3 To 5, 0 To 3) As Integer 定义的数组的元素个数是________。
(A)27　　(B) 36　　(C) 32　　(D) 24

8. 用下面语句定义的数组的元素个数是________。

```
Dim A ( - 3 To 5) As Integer
```

(A) 2　　(B) 7　　(C) 8　　(D) 9

9. 下面语句所定义的数组元素的个数是________。

```
Option Base 0
Dim arrayA(2 To 5,5)
```

(A) 15　　(B) 18　　(C) 20　　(D) 24

10. 下面的________语句定义的数组一定是 3 行 4 列的二维数组。
(A) Dim a(1 To 3,1 To 4)　　(B) Dim a(3,4)
(C) Dim a(3 To 4)　　(D) Dim a(2,1 To 4)

11. 下面对于动态数组的论述,错误的是________。
(A) 声明动态数组时,不能指定其维数,但可以指定其数据类型
(B) 重定义动态数组时,可以指定其维数及下标的上下界,但是不能指定其数据类型
(C) 如果重定义动态数组时不加关键字 Preserve,则重定义之前存于数组中的数据全被清除
(D) 动态数组不能作为实际参数整个地传递给一个过程

12. 对动态数组 A(),若原数组为 A(5),要变成 A(10)时,为保证原数组元素的数据不丢失,应使用________语句来定义。
(A) Dim A(10)　　(B) ReDim A(10)
(C) Dim A(5 To 10)　　(D) ReDim Preserve A(10)

13. 以下说法中,不正确的是________。
(A) ReDim 语句可以改变动态数组的维数
(B) ReDim 语句不能改变动态数组的数据类型
(C) ReDim 语句可以改变动态数组每一维的大小
(D) ReDim 语句不能改变动态数组第一维下标的下界

14. 关于数组作形参,说法错误的是________。
(A) 数组作形参只能是按地址传递的参数
(B) 在过程中必须用 Dim 语句对形参数组重新定义
(C) 实参数组的数据类型必须和形参数组的相一致

(D) 对应的实参必须是数组名

三、读程序题

1. 运行下面的程序,单击窗体后,显示的第一行内容为____①____,第二行内容为____②____。

```
Private Sub Form_Click()
    Dim a(1 To 10)  As Integer, i As Integer, max As Integer, min As Integer
    For i = 1 To 10
        a(i) = 2 * i + 1
        If max < a(i) Then max = a(i)
        If min > a(i) Then min = a(i)
    Next
    Print min : Print max
End Sub
```

2. 下面程序段在窗体上显示的是________。

```
Dim a(4, 4) As Integer
Dim sum As Integer, j As Integer, k As Integer
For j = 1 To 4
    For k = 1 To 4
        a(j, k) = j + k
    Next
Next j
For j = 1 To 4
    sum = sum + a(j, j)
Next
Print sum
```

3. 下面程序段在窗体上显示的第一行内容是____①____,第二行内容是____②____。

```
Dim a(1 To 3, 1 To 3) As Integer
For j = 1 To 3
    For k = 1 To 3
        a(j, k) = (j - 1) * 3 + k
    Next k
Next j
For j = 2 To 3
    For k = 1 To 2
        Print a(k, j);
    Next k
    Print
Next j
```

4. 在窗体上画一个名称为 Command1 的命令按钮,然后编写如下事件过程:

```
Private Sub Command1_Click()
    Dim x(1 To 5) As Integer, temp As Integer,  i As Integer, j As Integer
    x(1) = 5:   x(2) = 9:   x(3) = 1:   x(4) = 7:   x(5) = 2
    For i = 1 To 4
```

```
            For j = i To 1 Step - 1
                If x(j + 1) < x(j) Then
                    temp = x(j)
                    x(j) = x(j + 1)
                    x(j + 1) = temp
                Else
                    Exit For
                End If
            Next
            For j = 1 To 5
                Print x(j);
            Next
            Print
        Next
    End Sub
```

程序运行后，单击命令按钮，则窗体上第 3 行显示的内容是___①___，共显示的行数是___②___。

5. 读下列程序段，然后填空。

```
Dim m(3, 3) As Integer
Dim i As Integer, j As Integer, k As Integer
For i = 1 To 3
    For j = 1 To 3
        m(i, j) = (i - 1) * 3 + j
    Next
Next
For i = 1 To 2                              '语句 A
    For j = i + 1 To 3                      '语句 B
        k = m(i, j)
        m(i, j) = m(j, i)
        m(j, i) = k
    Next
Next
For i = 1 To 3
    For j = 1 To 3
        Print m(i, j);
    Next
    Print
Next
```

此程序段运行后，窗体上显示的第一行内容为___①___。

如果将程序中的“语句 A”和“语句 B”分别改为下面两句：

```
For i = 1 To 3                  '语句 A
    For j = 1 To 3              '语句 B
```

再运行程序，窗体上显示的第二行内容是___②___。

6. 运行下列程序，单击按钮 Command1 之后，窗体上会显示___①___行内容，其中第一行、第三行和最后一行的内容分别是___②___、___③___和___④___。

```
Private Function iSum(kk() As Integer) As Integer
    Dim i As Integer
    iSum = 0
    For i = 1 To 4
        iSum = iSum + kk(i, 2)
    Next
End Function
Private Sub Command1_Click()
    Dim k(4, 4) As Integer
    Dim i As Integer, j As Integer
    Dim m As Integer, n As Integer
    For i = 1 To 4
        For j = 1 To 4
            m = m + 1
            If m < 9 Then
                n = n + 1
                k(i, j) = n
            Else
                k(i, j) = k(5 - i, 5 - j)
            End If
            Print k(i, j);
        Next
        Print
    Next
    Print iSum(k)
End Sub
```

7. 在窗体上画一个名称为Command1的命令按钮，然后编写如下事件过程：

```
Private Sub Command1_Click()
    Dim i As Integer, j As Integer
    Dim a(3) As Integer
    a(0) = 2 : a(1) = 8: a(2) = 16
    For i = 0 To a(i)
        For j = 0 To a(j)
            Print j;
        Next
        Print
    Next
End Sub
```

程序运行后，单击命令按钮，则窗体上第1行显示的内容是___①___，第2行显示的内容是___②___，第3行显示的内容是___③___。

8. 运行下面程序，循环执行完毕后相应数组元素的值是：

A(1，1)=___①___；A(2，3)=___②___；A(4，1)=___③___。

```
Option Base 1
Private Sub Command1_Click()
    Const N As Integer = 5
    Dim A(N, N) As Integer, i As Integer, j As Integer
    For i = 1 To UBound(A, 1)
```

```
            For j = 1 To UBound(A, 2)
                If i = j Then
                    A(i, j) = 1
                ElseIf j > i Then
                    A(i, j) = N
                Else
                    A(i, j) = 0
                End If
            Next j
        Next i
    End Sub
```

9. 若单击"赋值"按钮 cmd1 后,结果如图 6-1 所示,则单击"运行"按钮 cmd2 后,输出的第二行数据为 ① ,第三行数据为 ② 。

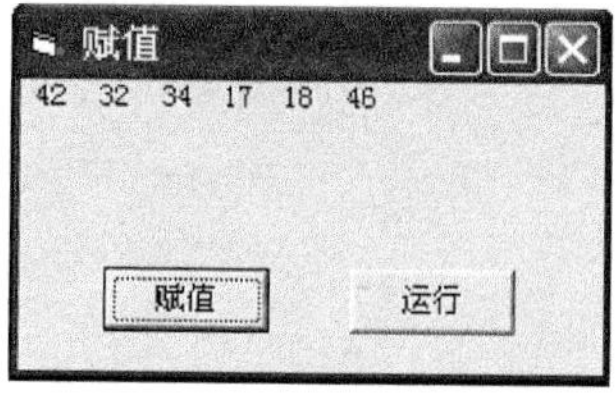

图 6-1 赋值

```
Option Explicit
Dim a(6) As Integer

Private Sub Cmd1_Click()
    Dim i As Integer
    For i = 1 To 6
        a(i) = Int(60 * Rnd)
        Print a(i);
    Next
    Print
End Sub

Private Sub Cmd2_Click()
    Dim Max As Integer, Min As Integer
    Dim Imax As Integer, Imin As Integer
    Dim i As Integer
    Max = a(1): Imax = 1
    Min = a(1): Imin = 1
    For i = 2 To 6
        If a(i) > Max Then Max = a(i): Imax = i
        If a(i) < Min Then Min = a(i): Imin = i
    Next
    For i = Imax To 2 Step -1
        a(i) = a(i - 1)
    Next
    a(1) = Max
    For i = 1 To 6
        Print a(i);
    Next
    Print
    For i = Imin To 5
        a(i) = a(i + 1)
    Next
    a(6) = Min
    For i = 1 To 6
        Print a(i);
```

```
    Next
End Sub
```

四、完善程序题

1. 如图 6-2 所示，本程序将输入的十进制数转换为二进制数并输出。请完善程序。

```
Option Base 0
Private Sub Command1_Click()
    Dim i As Integer
    Dim d As Integer
    Dim b(15) As Byte
    Dim s As String
    d = Text1.Text
    Do Until ____①____
        b(i) = d Mod 2
        d = d \ 2
        i = ____②____
    Loop
    Do While i > 0
        i = i - 1
        s = ____③____ & b(i)
    Loop
    Text2.Text = s
End Sub
```

图 6-2　数制转换

2. 下列程序实现在单击按钮 cmdM 时，求数组中的最大值和最小值，请完善程序。

```
Private Sub cmdM_Click()
    Dim A(1 To 10) As Integer
    For i = 1 To 10
        A(i) = 100 * Rnd
    Next
    Max = ____①____
    Min = A(1)
    For i = 2 To 10
        If ____②____ Then Max = A(i)
        If ____③____ Then Min = A(i)
    Next
    Print "元素中最大值为"; Max; ",最小值为"; Min
End Sub
```

3. 下面过程将 1～16 共 16 个整数随机地赋给一个 4 行 4 列数组的 16 个元素。执行结果如图 6-3 所示。请完善本程序。

```
Private Sub Command1_Click()
    Dim i As Integer, k As Integer
    Dim n As Integer, m As Integer
    Dim a(0 To 3, 0 To 3) As Integer
    Randomize
    For i = 1 To 16
        Do
```

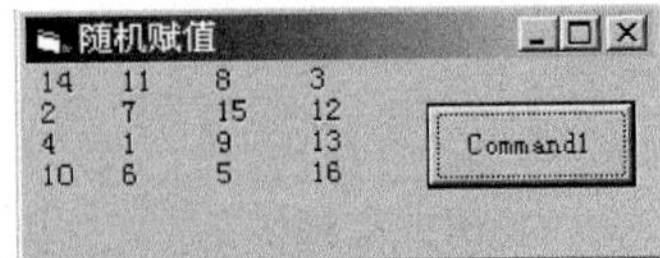

图 6-3　随机赋值

```
            k = Int(Rnd * 16)
            m = ______①______
            n = k \ 4
            If (a(m, n) = 0) Then ______②______
        Loop
        a(m, n) = ______③______
    Next
    For i = 0 To 3
        For k = 0 To 3
            Print Tab(6 * k); a(i, k);
        Next
        Print
    Next
End Sub
```

4. 5只猴子分一堆桃子，怎么也不能分成5等份，只好先去睡觉，准备第二天再分。夜里1只猴子偷偷爬起来，先吃掉一个桃子，然后将剩下的桃子分成5等份，藏起自己的一份就去睡觉了；第2只猴子也爬起来，吃掉一个桃子后，将剩余桃子分成5等份，藏起自己的一份睡觉去了；其他3只猴子都先后照此办理。

以下程序计算：如果能够实现上述操作，最初至少有多少个桃子，最后至少剩下多少个桃子，界面如图6-4所示。请完善以下代码。

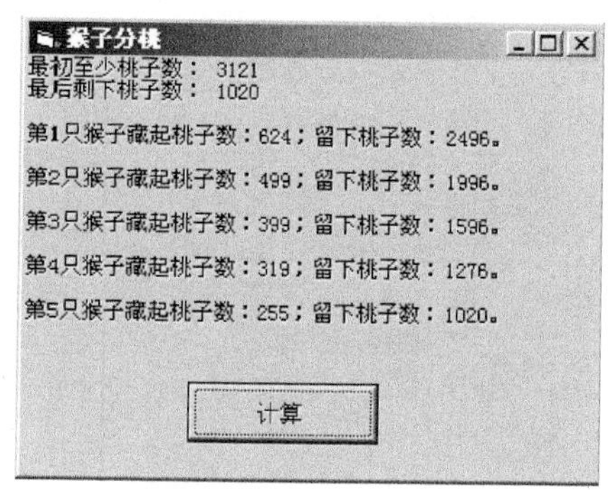

图6-4 猴子分桃

```
Private Sub Command1_Click()
    Dim i As Integer, a() As Single
    Dim n As Integer
    n = 5
    ReDim a(n)
    Do
        a(n) = a(n) + n - 1
        For i = n - 1 To 0 Step -1
            a(i) = a(i + 1) * n / (n - 1) + 1
            If a(i) ______①______ Int(a(i)) Then Exit For
        Next
    Loop Until i = ______②______

    Print "最初至少桃子数: "; a(0)
    Print "最后剩下桃子数: "; a(n)

    For i = 1 To n
        Print
        Print "第" & i & "只猴子藏起桃子数: "; a(i - 1) - 1 - ______③______ & "; _
                "; "留下桃子数: "; a(i) & "."
    Next
End Sub
```

5. 本程序求二维数组a的“行和”或“列和”(图6-5)。数组a中元素为随机生成的两位整数。输入欲求和的行号或列号，单击对应的单选框，单击“计算”按钮可运行程序。请完善程序。

```
Option Explicit
Private Sub Command1_Click()
    Dim a(3, 4) As Integer, i As Integer, j As Integer
    Dim n As Integer
    For i = 1 To 3
        For j = 1 To 4
            a(i, j) = ____①____
        Next j
    Next i
    ____②____ = Val (Text1.Text )
    If Option1.Value Then
        Text2.Text = "第" & CStr(n) & "行的和为" & CStr(sum(a, n, True))
    Else
        Text2.Text = "第" & CStr(n) & "列的和为" & CStr(sum(a, n, False))
    End If
End Sub

Private Function ____③____
    Dim i As Integer, j As Integer
    sum = 0
    If flg Then
        For j = 1 To ____④____
            sum = sum + ____⑤____
        Next j
    Else
        For i = 1 To UBound (a)
            sum = ____⑥____
        Next i
    End If
End Function
```

图 6-5 计算数组

6. 本程序的功能是：求 1～999 之间本身是素数且各位数之和仍为素数的数(图 6-6)。例如，29 为素数，2+9=11 仍为素数。请完善程序。

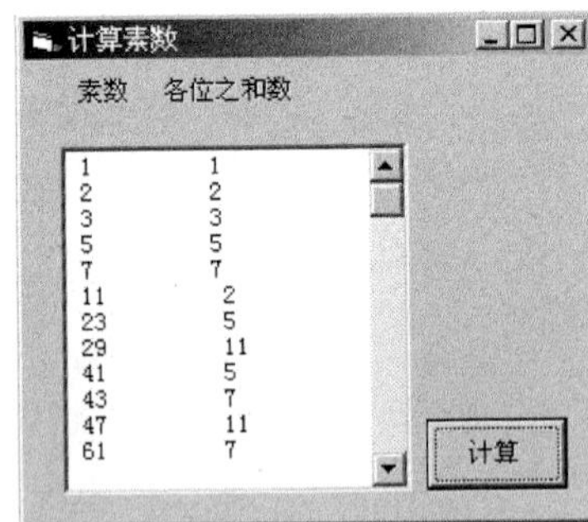

图 6-6 计算素数

```
Private Sub Command1_Click()
Dim d() As Integer, i As Integer
Dim n As Integer, m As Integer
    For n = 1 To 999
        If Prime(n) Then
            Call fun1(d, n)
            ____①____
            For i = 1 To UBound(d)
                m = m + ____②____
            Next
            If Prime(m) Then
                Text1.Text = Text1 & Str(n) & Space(5) & Str(m) & vbCrLf
            End If
        End If
    Next
```

```
End Sub

Private Sub fun1(_____③_____, ByVal x As Integer)
    Dim i As Integer, k As Integer
    k = 1
    Do
        ReDim Preserve b(1 To k)
        b(k) = x Mod 10
        x = _____④_____
        k = k + 1
    Loop Until _____⑤_____
End Sub

Private Function Prime(n As Long) As Boolean
    Dim m As Integer
    For m = 2 To Sqr(n)
        If n Mod m = 0 Then Exit Function
    Next
    _____⑥_____
End Function
```

7."完数"是指一种正整数,它所有因子之和等于其本身。本程序采用该定义求[1,500]范围内所有的完数,程序运行结果如图 6-7 所示。请完善本程序。

```
Option Base 1
Private Sub Command1_Click()
    Dim b() As Integer, sum As Integer
    Dim i As Integer, j As Integer
    ReDim b(1)
    b(1) = 1
    For i = 1 To 500
        Call Sub1(i, b)
        ___①___
        For j = 1 To UBound(b)
            sum = sum + b(j)
        Next j
        If _____②_____ Then
            Picture1.Print i; "->";
            For j = 1 To UBound(b)
                Picture1.Print b(j);
            Next j
            Picture1.Print
        End If
    Next i
End Sub

Public Sub Sub1(_____③_____ As Integer, a() As Integer)
    Dim k As Integer, j As Integer
    k = 1
    For j = _____④_____ To n - 1
        If n Mod j = 0 Then
```

```
            k = k + 1
            ReDim Preserve a(k)
            ______⑤______
        End If
    Next j
End Sub
```

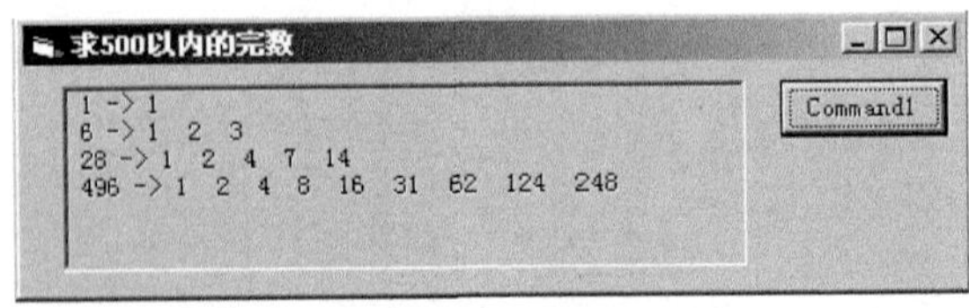

图 6-7 求完数

8. 为了计算多项式 $p(x)=2x^6-5x^5+3x^4+x^3-7x^2+7x-20$ 在 $x=0.9$ 时的值，下面的程序在窗体上设计了一个命令按钮，单击按钮后可以计算该值。请完善代码。

```
Option Explicit
Private Sub Command1_Click()
    Dim a(6) As Single, x As Single, y As Single
    a(6) = 2: a(5) = -5: a(4) = 3
    a(3) = 1: a(2) = -7: a(1) = 7: a(0) = -20
    x = 0.9
    ________①________
    Print y
End Sub
Private Function p(a() As Single, x As Single) As Single
    Dim k As Integer, u As Integer, i As Integer
    k = LBound(a)
    u = UBound(a)
    p = a(u)
    For i = u - 1 To k Step -1
        p = p * x + ______②______
    Next
End Function
```

9. 本程序的功能是将一个数插入到一个元素值从小到大排列的数组中，并使该数组仍保持原来的顺序(图 6-8)。插入位置及其后的元素值向后移动，最后一个元素值舍弃，如果要插入的值小于第一个元素或大于最后一个元素，则不进行插入操作。请完善本程序。

```
Private Sub Command1_Click()
    Dim i As Integer
    Dim a(10) As Integer
    For i = 0 To UBound(a)
        a(i) = 2 * i + 1
        Print a(i);
    Next
    Print
    Call Insert(a, CInt(InputBox("请输入要插入的数值.")))
```

```
    For i = LBound(a) To UBound(a)
        Print ____①____
    Next
End Sub
Private Sub Insert(b() As Integer, n As Integer)
    Dim j As Integer, k As Integer
    k = FindPos(b(), n)
    For j = UBound(b) - 1 To k Step -1
        b(j + 1) = ____②____
    Next
    If k <= UBound(b) Then b(k) = n
End Sub
Function FindPos(____③____ As Integer, key1 As Integer) As Integer
    Dim j As Integer
    For j = 0 To UBound(a)
      If key1 <= a(j) Then Exit For
    Next
    FindPos = ____④____
End Function
```

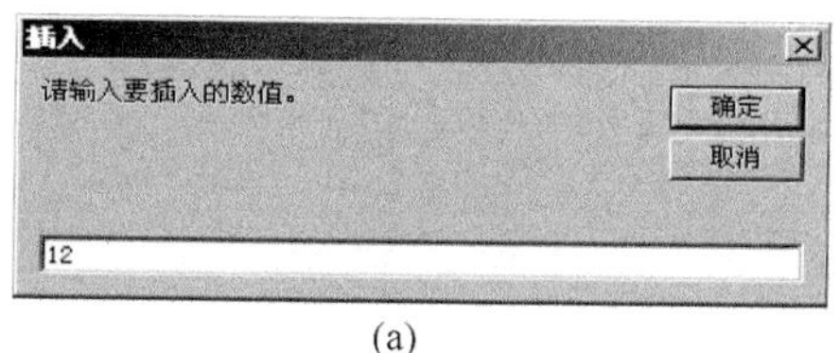

(a)

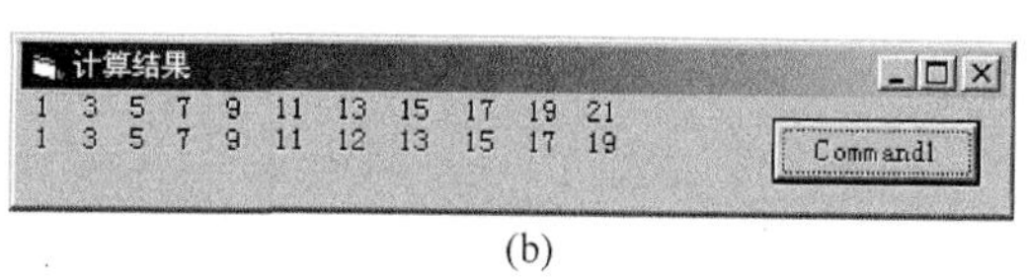

(b)

图 6-8 插入数值

10. 合并排序,将两个有序(递增,且无重复元素)的数组合并成一个新的有序(递增)的数组,原始数组为 a、b,合并后的数组为 c(图 6-9)。合并排序的算法是:

(1) 先在 a,b 数组中各取第 1 个元素进行比较,将小的元素放入 c 数组。

(2) 取小的元素所在数组的下一个元素与另一数组中上次比较后较大的元素比较,重复上述过程,直到某个数组先被排完。

(3) 将另一数组剩余元素写入 c 数组,合并排序完成。

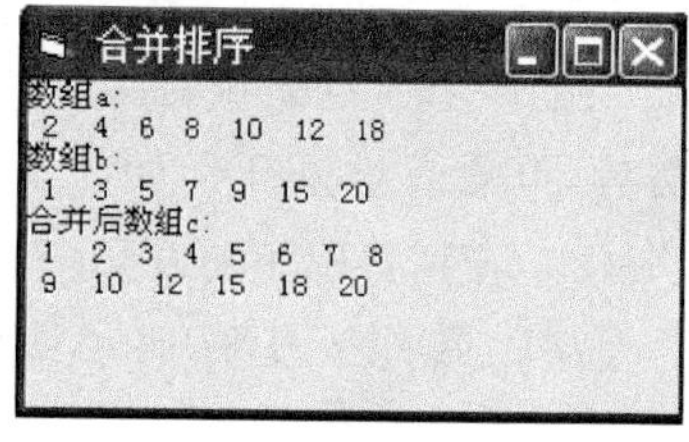

图 6-9 合并排序

程序代码如下,请完善本程序。

```
Option Explicit
Private Sub Form_Click()
    Dim a, b, c(30)
    Dim i As Integer, ia As Integer, ib As Integer, ic As Integer
    a = Array(2, 4, 6, 8, 10, 12, 18)          '用内部函数 Array 给数组赋值
    b = Array(1, 3, 5, 7, 9, 15, 20)
    Print "数组 a:"
    For i = 0 To UBound(a)
        Print a(i);
    Next i
```

```
        Print
        Print "数组 b:"
        For i = 0 To UBound(b)
            Print b(i);
        Next i
        Print
        Do While ia <= UBound(a) And ib <= UBound(b)
            If ____①____ Then
                c(ic) = a(ia)
                ia = ia + 1
            Else
                ____②____
                ib = ib + 1
            End If
            ic = ic + 1
        Loop
        Do While ia <= UBound(a)
            c(ic) = a(ia)
            ____③____
            ic = ic + 1
        Loop
        Do While ____④____
            c(ic) = b(ib)
            ib = ib + 1
            ic = ic + 1
        Loop
        Print "合并后数组 c:"
        For i = 0 To ____⑤____
            Print c(i);
            If (i + 1) Mod 8 = 0 Then Print
        Next i
    End Sub
```

11. 有 101 只老鼠排成横队并从 1 报数，凡报数为单数者先被杀死；剩余的靠拢后再从 1 报数，单数者被杀死。如此反复，直至仅剩 1 只老鼠，本程序计算这只老鼠是原队列中的第几只。请完善以下程序。

提示：数组 a 中存放老鼠的序号，给 a(i)赋 0 表示杀死，MiceMove 过程实现“靠拢”动作。

```
Option Explicit
Const N As Integer = 101
Option Base 1
Private Sub Command1_Click()
    Dim a(N) As Integer
    Dim i As Integer
    For i = 1 To N
        ____①____
    Next
    Do
        For  i = 1 To N Step 2
```

```
            a(i) = 0
        Next
        Call  MiceMove(______②______)
        If a(2) = 0 Then Exit Do
    Loop
    Print "最后剩下的是第 " & ______③______ & "只老鼠"
End Sub
Private Sub MiceMove(a() As Integer)
    Dim i As Integer
    Dim k As Integer
    i = 1
    Do
        If a(i) = 0 Then
            For k = i + 1 To N
                If ____④____ Then
                    a(i) = a(k)
                    a(k) = ____⑤____
                    ____⑥____
                End If
            Next
        End If
        i = i + 1
    Loop While i < N
End Sub
```

第7章 基本控件与内部函数

一、判断题

1. 当一个复选框控件处于被选定状态时，其 Value 属性的值为 1。 ( )
2. Line 控件和 Shape 控件都不响应任何事件。 ( )
3. Visual Basic 的内部函数可以在程序中直接调用，编程者不需要定义。 ( )

二、填空题

1. 当一个单选框被选定，它的 Value 属性值为________。

2. 如果将列表框控件的 MultiSelect 属性设置为 True，则此列表框可以支持多选。若要知道多选列表框中共有多少条目被选中，要访问其____①____属性；若要得到每个被选条目的序号，需要访问其____②____属性。

3. 在一个控件数组中，各个控件的________属性值一定不同。

4. 表达式 Len("28")+6 的值为________。

5. 能够返回系统当前时间的内部函数是________。

三、选择题

1. 下列不是 Visual Basic 内部函数的是________。
   (A) Sqr　(B) LBound　(C) Abs　(D) Double

2. 函数 Int(Rnd * 10)返回的是________范围内的整数。
   (A) (0,1)　(B) (0,10]　(C) [0,10)　(D) [0,10]

3. 能产生[50,500]之间随机整数的函数表达式是________。
   (A) Int(450 * Rnd+50)+1　(B) Int(450 * Rnd+1)+50
   (C) Int(451 * Rnd+50)　(D) Int(451 * Rnd−1)+50

4. 下面表达式的值等于 2 的是________。
   (A) 4 Mod 2　(B) Len("2")
   (C) InStr("VB", "VB")　(D) Val("2+4")

5. 设 number 是一个数值型参数，则与 Fix(number)结果相等的是________。
   (A) Sgn(number) * Int(Abs(number))
   (B) Sgn(number) * Abs(Int(number))
   (C) Int(number) * Sgn(Abs(number))

(D) Int(number) * Abs(Sgn(number))

6. 下列函数中，________的返回值不是字符串。

(A) Trim (B) Right (C) Asc (D) UCase

7. 若 j 为整型变量，下列赋值语句执行后 j 的值为 1 的是________。

(A)j = 6.5 Mod 3 (B) j = Len("AB")

(C) j = True (D) j = 1 + "0"

8. 用于获得字符串 S 从第 2 个字符开始的 3 个字符的函数调用形式是________。

(A) Mid(S,2,3) (B) Middle(S,2,3)

(C) Right(S,2,3) (D) Left(S,2,3)

9. 下面的表达式中，值为 True 的是________。

(A) Mid("Visual Basic",1,12) = Right("Programming Language Visual Basic",12)

(B) "ABCRG" > "abcde"

(C) Int(134.69) >= Cint(134.69)

(D) 78.9/32.77 <= 97.5/43.97 And -45.4 > -4.98

10. a,b,c 均为字符串变量，执行下列语句后，c 的值为________。

```
a = "Visual Basic Programming"
b = "Quick "
c = b & UCase(Mid(a,7,6)) & Right (a,11)
```

(A) "Visual BASIC Programming"

(B) "Quick Basic Programming"

(C) "QUICK Basic Programming"

(D) "Quick BASIC Programming"

11. 函数调用 String(3,"Visual Basic")的返回值为________。

(A) VVV (B) Vis (C) sic (D) 12

12. 函数 Format(32458.5,"000,000.00")的返回值为________。

(A) 32548.5 (B) 32,548.5

(C) 032,548.50 (D) 32,548.50

13. Format(1500.46, "+##,##0.0")的返回值为________。

(A) "+1,500.5" (B) "1,500.5" (C) "+1,500.46" (D) "1,500.4"

14. MsgBox 函数的返回值是________数据类型。

(A) 整型 (B) 逻辑型 (C) 字符串型 (D) 浮点型

15. InputBox 函数返回值的类型为________。

(A) 数值 (B) 字符串

(C) 变体 (D) 数值或字符串(视输入的数据而定)

16. 执行下列语句后显示输入对话框，如果只单击对话框上的“确定”按钮，则返回给变量 s 的值是________。

```
Dim s As String
s = InputBox("请输入", "输入数据对话框","100")
```

(A) "请输入" (B) "输入数据对话框" (C)"100" (D) ""

17. 下列说法中不正确的是________。

(A) 可以通过双击工具箱中的控件,将控件加入窗体上

(B) Visual Basic 中所有基本控件都可以改变大小

(C) 控件工具箱中可以添加新的控件

(D) 在窗体上选中控件,按 Del 键可删除该控件

18. 在新建一个“标准 EXE”工程后,不在工具箱中出现的控件是________。

(A) ListBox (B) CommonDialog

(C) DriveListBox (D) PictureBox

19. 图片可显示在 Visual Basic 应用程序的________。

(A) 窗体上、标签上、图像控件中

(B) 标签上、文本框或图片框内

(C) 窗体上、图片框内、图像控件中

(D) 文本框内、命令按钮上、框架内

20. 在 Visual Basic 中,除窗体外,下面列出的控件中可以显示图片的有________。

① PictureBox ② Image

③ TextBox ④ CommandButton

⑤ OptionButton ⑥ Label

(A) ①②③④ (B) ①②⑤⑥ (C) ①②④⑤ (D) ①②④⑥

21. 下列可以把当前目录下的图形文件 pic1. jpg 装入图片框 Picture1 中的语句为________。

(A) Picture1="pic1. jpg"

(B) Picture1. Picture=LoadPicture("pic1. jpg")

(C) Picture1. Picture="pic1. jpg"

(D) Picture1. LoadPicture("pic1. jpg")

22. 以下说法错误的是________。

(A) 窗体和图片框对象支持绘图方法

(B) 窗体、图片框和框架对象可以用作控件的容器

(C) 在 Windows 资源管理器中用鼠标双击一个. frm 文件,可以打开一个 Visual Basic 工程

(D) 直线和形状控件没有事件

23. 单选按钮用于一组互斥的选项,如果一个程序包含多组互斥条件,可在不同的________中安排适当的单选按钮即可实现。

(A) 框架控件或图像控件 (B) 组合框或图像控件

(C) 组合框或图片框 (D) 框架控件或图片框

24. 下列________控件不能响应鼠标单击事件(Click)。

(A) Image (B) Label (C) Frame (D) Shape

25. 当拖动滚动条中的滚动块时,将触发滚动条控件的________事件。

(A) Move (B) Remove (C) Scroll (D) Change

26. 当单击水平滚动条右端的按钮时,使其 Value 属性值改变的幅度等同于________属性的值。

(A) Max (B) Min (C) SmallChange (D) LargeChange

27. 下列对象中________在运行时一定是不可见的。

(A) Timer (B) Line (C) Shape (D) Frame

28. 下列控件中,不具有 Caption 属性的是________。

(A) ListBox (B) CheckBox (C) Frame (D) OptionButton

29. 以下不能作为控件容器的是________。

(A) Form (B) ListBox (C) PictureBox (D) Frame

30. 下列 4 组控件属性中,属性值的数据类型不相同的一组是________。

(A) Image 控件的 Stretch 属性与 PicturetBox 控件的 Autosize 属性

(B) OptionButton 控件的 Value 属性与 CheckBox 控件的 Value 属性

(C) CommandButton 控件的 Default 属性与 CommandButton 控件的 Cancel 属性

(D) CommandButton 控件的 Visible 属性与 Form 窗体的 Visible 属性

31. 下列对象类型中,不能作控件容器的是________。

(A) 组合框 (B) 框架 (C) 图片框 (D) 窗体

32. 在下列控件类型中,不具有 Visible 属性的是________。

(A) 文本框 (B) 标签 (C) 列表框 (D) 定时器

33. 以下对象中,有 Value 属性的是________。

(A) 窗体 (B) 文本框 (C) 标签 (D) 滚动条

34. 下列的________属性是逻辑类型。

(A) 文本框的 Passwordchar 属性 (B) 单选框的 Value 属性

(C) 复选框的 Value 属性 (D) 窗体的 BorderStyle 属性

35. 设置复选框 CheckBox 或单选按钮 OptionButton 标题对齐方式的属性是________。

(A) Align (B) Alignment (C) Sorted (D) Justify

36. 在窗体上有一个名称为 Timer1 的定时器控件,要求每隔 0.5s 发生一次 Timer 事件,以下正确的属性设置语句是________。

(A) Timer1.Value=0.5 (B) Timer1.Value=500

(C) Timer1.Interval=0.5 (D) Timer1.Interval=500

37. 有一个菜单项显示的文本为"Open",若要为该菜单命令设置访问键,即按下 Alt 及字母 O 时能够执行"Open"命令,则在菜单编辑器中正确设置"Open"命令的方式为________。

(A) 把菜单项的 Caption 属性设置为 &Open

(B) 把菜单项的 Caption 属性设置为 O&pen

(C) 把菜单项的 Name 属性设置为 &Open

(D) 把菜单项的 Name 属性设置为 O&pen

38. 以下关于 MsgBox 函数或语句的叙述中,错误的是________。

(A) MsgBox 函数返回一个整数

(B) 通过 MsgBox 函数可以设置消息框中的图标和按钮的类型

(C) MsgBox 语句没有返回值

(D) MsgBox 函数的第二个参数是一个整数，该参数只能确定消息框中按钮的数量

39. 在窗体的客户区中双击鼠标左键会引发一系列的鼠标事件，最后一个是________事件。

(A) Click (B) MouseDown (C) MouseUp (D) DblClick

40. 在对象的 MouseMove 事件过程中不能从过程的参数得到下列________信息。

(A) 事件发生时的鼠标指针位置 (B) 事件发生时操作的鼠标按钮

(C) 事件发生时操作的键盘按键 (D) 事件发生时鼠标移动的距离

41. 在窗体上单击鼠标时，会依次引发________事件。

(A) MouseDown、MouseUp、Click

(B) MouseDown、Click、MouseUp

(C) Click、MouseDown、MouseUp

(D) MouseUp、MouseDown、Click

42. 在对象的 MouseDown 事件过程中，不可以通过参数得到下列的________信息。

(A) 事件发生时鼠标的位置 (B) 事件发生时的系统时间

(C) 事件发生时鼠标的按键 (D) 事件发生时键盘的按键

43. 关于控件数组，下列说法错误的是________。

(A) 一个控件数组中的控件必须是同一类型的控件

(B) 一个控件数组中的各个控件的 Name 属性值相同，而 Index 属性不同

(C) 菜单控件不能构成控件数组

(D) 对于同一事件，控件数组中的控件使用同一事件过程，使用事件过程的 Index 参数来区别是哪个控件引发的此事件

44. 在同一个命令按钮控件数组中，各个按钮之间取值一定不相同的是________。

(A) Name 属性 (B) Caption 属性 (C) Index 属性 (D) Value 属性

45. 菜单控件的________属性值决定菜单显示为菜单分隔条。

(A) Caption (B) Index (C) Name (D) Checked

46. 关于菜单，下列说法正确的是________。

(A) 子菜单的层次最多可以达到 6 级

(B) 编辑菜单的结构只能在菜单编辑器中进行

(C) 可以通过菜单控件的 Caption(标题)属性为菜单项设置快捷键(如 S)和热键(如 Ctrl+S)

(D) 设计时，菜单控件的属性只能在菜单编辑器中设置

47. 用菜单编辑器创建菜单时，如果要在一个菜单中添加一条分隔线，正确的操作是________。

(A) 在“标题”输入框中输入减号 (B) 在“名称”输入框中输入减号

(C) 在“标题”输入框中输入下划线 (D) 在“名称”输入框中输入下划线

48. 在使用菜单编辑器创建菜单时，可在菜单标题中某字母前插入________符号，那么

在运行程序时按 Alt 键和该字母键就可打开该命令菜单。

(A) 下划线 (B) & (C) $ (D) @

49. 下列关于 Visual Basic 菜单设计的叙述中，错误的是________。

(A) 菜单设计是通过菜单编辑器完成的

(B) 每一个菜单项是单独的 Menu 类型控件

(C) 通过属性窗口可以设置菜单控件的属性

(D) 菜单中的分隔线是通过设置菜单控件的 Style 属性实现的

50. 下列关于菜单控件的说法中错误的是________。

(A) 除了 Click 事件之外，菜单项不能响应其他事件

(B) 菜单控件也可以创建控件数组

(C) 作为分隔条的菜单项无事件过程

(D) Visual Basic 允许的子菜单最多有 4 级

四、读程序题

1. 运行下面的程序，连续单击三次窗体后，文本框 Text1 显示的内容为____①____，文本框 Text2 显示的内容为____②____。

```
Private Sub Form_Click()
    Static a As String : Static i As Integer
    Dim b As String
    a = a + Chr(Asc("A") + i)
    b = b + "B" + CStr(i)
    i = i + 1
    Text1.Text = a : Text2.Text = b
End Sub
```

2. 单击命令按钮 Command1 后标签 Label1 上面显示的内容为________。

```
Private Sub Command1_Click()
    Dim S As String, L As Integer, K As Integer
    L = Len(Text1.Text)
    For K = L To 1 Step -2
        S = Mid(Text1, K, 1) & S
    Next K
    Label1 = S
End Sub
Private Sub Form_Load()
    Text1.Text = "ABCDEFGH"
End Sub
```

3. 运行下面的程序，当单击窗体时，窗体上显示的第一行内容是____①____，第三行内容是____②____。

```
Private Sub Form_Click()
    Dim s As String, i As Integer, n(9) As Integer, s1 As String * 1, j As Integer
    s = Trim("12345a307291b233")
    For i = 1 To Len(s)
```

```
        s1 = Mid(s, i, 1)
        If s1 >= "0" And s1 <= "9" Then
            j = Val(s1)
            n(j) = n(j) + 1
        End If
    Next i
    For j = 0 To 9
        Print j; ":"; n(j)
    Next j
End Sub
```

4. 在窗体上画一个名称为 Command1 的命令按钮，然后编写如下事件过程：

```
Private Sub Command1_Click()
    Dim xiaoxun As String, k As Integer, i As Integer
    xiaoxun = "团结献身求实创新"
    k = Len(xiaoxun)
    For i = 1 To k Step 1
        xiaoxun = Mid(xiaoxun, 2, k - 1) & Mid(xiaoxun, 1, 1)
        Print xiaoxun
    Next
End Sub
```

程序运行后，单击命令按钮，则窗体上第 5 行显示的内容是________。

5. 运行下面的程序，单击窗体后，利用 InputBox 函数输入缺省值"abcdef"，窗体上显示的第一行输出的结果为___①___，第二行输出的结果为___②___。

```
Private Sub try(c As String, d As String)
    Dim a As String, k As Integer
    For k = Len(c) To 1 Step -1
        a = Mid(c, k, 1)
        d = d & a
    Next k
End Sub

Private Sub Form_Click()
    Dim s1 As String, s2 As String
    s1 = InputBox("输入一个字符串", , "abcdef")
    try s1, s2
    Print s1
    Print s2
End Sub
```

6. 运行以下程序，单击按钮 Command1 并按下键盘上的 Esc 键，在消息框中显示的内容为________。

```
Private Sub Command1_Click()
    Dim strInput As String, strResult As String
    Dim i As Integer
    strResult = "abcde12345"
    strInput = InputBox("请给出原字符串", "原始字符串", strResult)
```

```
    If strInput <> "" Then
        For i = 0 To Len(strInput) - 1
            strResult = strResult + Mid(strInput, Len(strInput) - i, 1)
        Next i
    End If
    MsgBox strResult
End Sub
```

五、完善程序题

1. 窗体上有文本框、按钮、列表框各一个，在文本框中输入任意一个英语句子(包含多个单词，以空格分隔，不含标点符号)，单击按钮，程序将该句分解为单词，每一个单词作为一个条目添加到列表框中。请完善以下程序。

```
Private Sub Command1_Click()
    Dim str1 As String
    Dim str2 As String
    Dim int1 As Integer
    str1 = Text1.Text
    int1 = 1
    Do
        Do While ____①____ <> " " And int1 <= Len(str1)
            str2 = str2 & Mid(str1, int1, 1)
            int1 = int1 + 1
        Loop
        List1.AddItem str2
        ______②______
        int1 = int1 + 1
    Loop While int1 <= Len(str1)
End Sub
```

2. 本程序使用输入框提示输入 10 位学号，如果输入的不是 10 位则使用消息框反复提示重新输入，直到输入正确或单击了输入框上的“取消”按钮或消息框上的“否”按钮结束。输入框与消息框如图 7-1 所示。请完善本程序。

```
Private Sub Command1_Click()
    Dim s As String : Dim i As Integer
    Do
        s = InputBox("请输入学号(10位数):", ____①____)
        If s = "" Then Exit Do
        If Len(Trim(s)) ____②____ Then
            i = MsgBox("学号位数不正确!是否重新输入?", _
                vbQuestion + vbYesNo)
            If i = vbNo Then
                Exit Do
            End If
        Else
            Print s
            ____③____
        End If
```

```
    Loop
End Sub
```

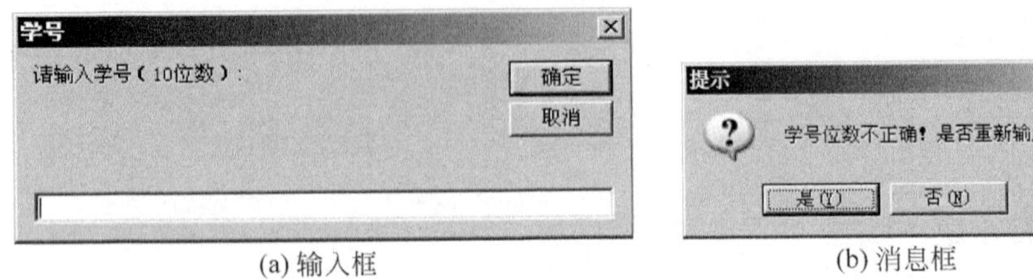

(a) 输入框　　(b) 消息框

图 7-1　输入框与消息框

3. 如图 7-2 所示，在本程序窗体上的“输入”文本框（Name 属性为 txtSource）中输入由“0”和“1”组成的字符串，单击“处理”按钮（Name 属性为 cmdProcess）后，程序计算连续的“0”或连续的“1”中连续字符个数的最大值，由“结果”文本框（Name 属性为 txtResult）显示。请完善程序。

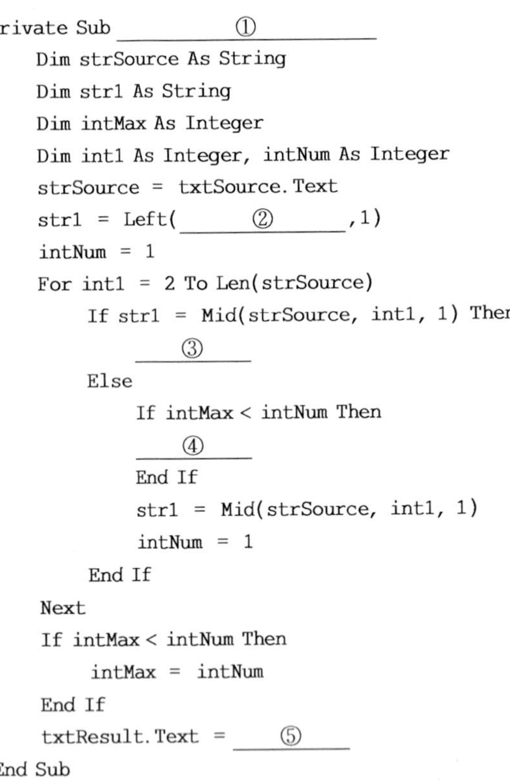

```
Private Sub ______①______
    Dim strSource As String
    Dim str1 As String
    Dim intMax As Integer
    Dim int1 As Integer, intNum As Integer
    strSource = txtSource.Text
    str1 = Left(______②______,1)
    intNum = 1
    For int1 = 2 To Len(strSource)
        If str1 = Mid(strSource, int1, 1) Then
            ____③____
        Else
            If intMax < intNum Then
            ____④____
            End If
            str1 = Mid(strSource, int1, 1)
            intNum = 1
        End If
    Next
    If intMax < intNum Then
        intMax = intNum
    End If
    txtResult.Text = ____⑤____
End Sub
```

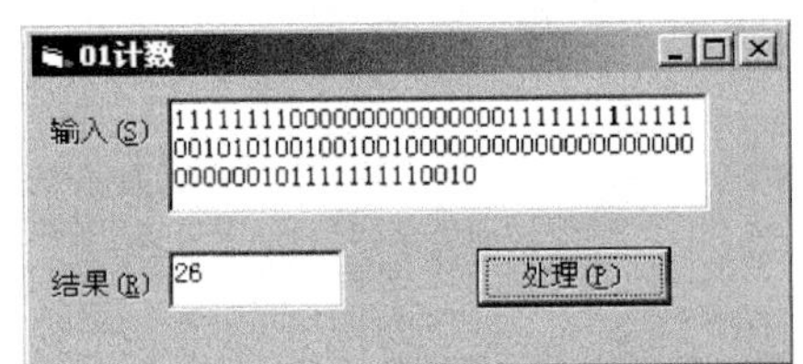

图 7-2　统计字符个数

4. 本程序的功能是将英文字符串转换成密码，方法是：字符串中每个字符→ASCII 码→二进制→最终的密码。其中由二进制数生成密码的规则为：二进制数 1 或 0 后跟一个大写字母，字母表示连续出现的 1 或 0 的个数：A 表示 1 个，B 表示 2 个，C 表示 3 个，……。例如：1C 表示连续有 3 个 1，0A 表示连续有 1 个 0，1B 表示连续有 2 个 1，等等。

注意：界面如图 7-3 所示，窗体上的 4 个文本框属于同一个控件数组。请完善程序。

```
Private Sub Command1_Click()
```

```
    Dim x(6) As Integer
    Dim s As String, t As String, w As String, p As String
    Dim i As Integer, j As Integer, k As Integer, m As Integer, h As Integer
    s = Text1(0).Text
    Text1(1).Text = ""
    For i = 1 To ____①____
        m = Asc(Mid(s, i, 1))
        Text1(1).Text = Text1(1).Text + Str(m)
        Call sub1(x, m)
        For j = 6 To 0 Step -1
            t = t & ____②____
        Next j
    Next i
    Text1(2).Text = t
    p = Mid(t, 1, 1)
    ____③____
    For i = 2 To Len(t)
        k = Mid(t, i, 1)
        If k = p Then
            h = h + 1
        Else
            w = w & p & Chr(h + 64)
            p = k
            h = 1
        End If
    Next i
    w = w & p & ____④____
    Text1(3).Text = w
End Sub
Public Sub sub1(b() As Integer, ByVal x As Integer)
    Dim i As Integer, k As Integer
    For i = 0 To 6
        b(i) = 0
    Next i
    k = 0
    Do
        b(k) = x Mod 2
        x = ____⑤____
        k = k + 1
    Loop While x > 0
End Sub
```

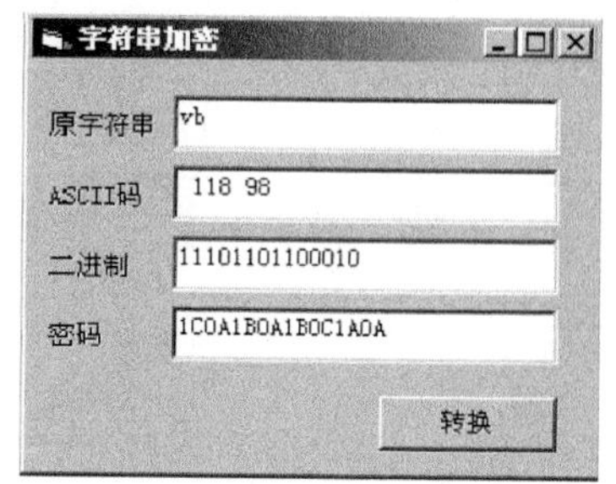

图 7-3　字符串加密

5. 程序界面如图 7-4(a)所示。首先，单击“生成”按钮，生成一个由 20 个随机大写字母组成的字符串，并由文本框显示。然后，单击“排序”按钮，将此随机字符串中的各个字母按递增(A～Z)的顺序添加到列表框中。

如果在单击“排序”按钮之前选定“忽略重复字符”复选框，则在向列表框中添加字母时会自动去除重复的字母(即每个字母最多在列表框中出现一次)，否则重复的字母会被相邻地添加到列表框中。

如果单击“重新开始”按钮，会清除文本框和列表框中的内容，为下一次生成与排序做准备。如果单击“退出”按钮，程序会弹出如图 7-4(b)所示的消息框提示确认，单击“是”退出程序，单击“否”不退出。

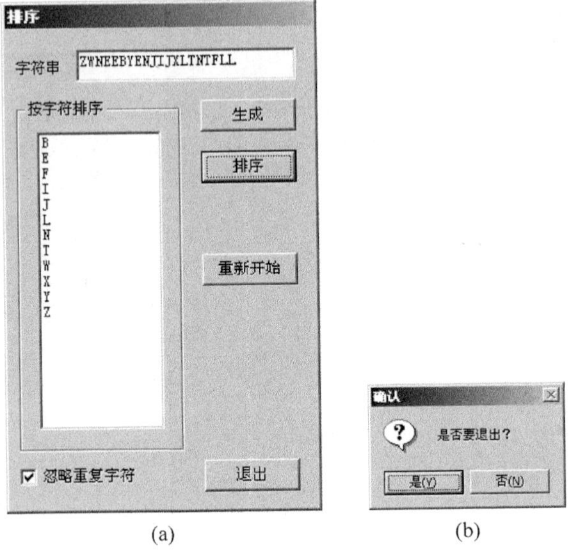

(a) (b)

图 7-4 排序

请完善程序并回答问题。

```
Dim str1 As String
Private Sub cmdExit_Click()
    If MsgBox(_____①_____, 32 + 4, "确认") = 6 Then
        Unload Me
    End If
End Sub
Private Sub cmdGen_Click()
    Dim int1 As Integer
    Randomize
    For int1 = 1 To 20
        str1 = Trim(str1) & Chr(Int(_____②_____))
    Next
    Text1.Text = str1
End Sub
Private Sub cmdRestart_Click()
    str1 = ""
    Text1 = ""
    _____③_____
End Sub
Private Sub cmdSort_Click()
    Dim i As Integer
    Dim j As Integer
    For i = 1 To 26
        _____④_____ = Search(str1, Chr(64 + i))
        Do While j > 0
            lstSort.AddItem Chr(_____⑤_____)
```

```
            If chkMulti.Value = 1 Then ______⑥______
            j = j - 1
        Loop
    Next
End Sub
Private Function Search(str1 As String, str2 As String) As Integer
    Dim int1 As Integer, int2 As Integer
    int1 = ______⑦______
    Do
        int1 = InStr(int1, str1, str2)
        If int1 = 0 Then Exit Do
        int2 = int2 + 1
        int1 = int1 + 1
    Loop
    Search = ______⑧______
End Function
```

本程序的界面图 7-4(a)共由______⑨______个对象组成；

文本框控件的对象名为______⑩______；

“生成”按钮的对象名为______⑪______；

在图 7-4 所示时刻，拥有键盘输入焦点的控件是______⑫______。

6. 本程序界面如图 7-5(a)所示，程序启动时列表框和文本框中的内容均为空。首先单击“输入”按钮，弹出如图 7-5(b)所示的输入框，在其中输入任意多个以逗号隔开的整数；确定后程序将输入的整数添加到列表框中。然后单击“计算”按钮，程序在三个文本框中分别显示出这些整数的总和、最大值以及最大值是所有数中的第几个。单击“退出”按钮关闭程序。请完善程序。

```
Option Explicit
Dim ____①____ As Integer
Dim Num As Integer
Private Sub cmdCalc_Click()
    Dim i As Integer
    Dim Max As Integer
    Dim MaxIndex As Integer
    Max = Data(1)
    MaxIndex = 1
    For i = 2 To Num
        If Max < Data(i) Then
            Max = Data(i)
            MaxIndex = ____②____
        End If
    Next
    txtMax = Max
    txtMaxIndex = MaxIndex
    txtSum = ____③____
End Sub
Private Sub cmdExit_Click()
    ______④______ Me
End Sub
```

```
Private Sub cmdInput_Click()
    Dim s As String
    Dim i As Integer
    Dim j As Integer
    Num = 0
    Erase Data
    lstData.Clear
    s = InputBox("输入任意多个整数(以逗号分隔)")
    j = 1
    i = InStr(s, ",")
    Do While ______⑤______
        Num = Num + 1
        ReDim Preserve Data(Num)
        Data(Num) = Val(Mid(s, j, i - 1))
        j = i + 1
        i = InStr(j, s, ",")
    Loop
    Num = Num + 1
    ReDim Preserve Data(Num)
    Data(Num) = Val(Right(s, ______⑥______))
    For i = 1 To Num
        lstData.AddItem Data(i)
    Next
End Sub
Private Function Sum(d() As Integer) As Long
    Dim i As Integer
    Dim s As Long
    For i = LBound(d) To UBound(d)
        s = s + ______⑦______
    Next
    Sum = s
End Function
```

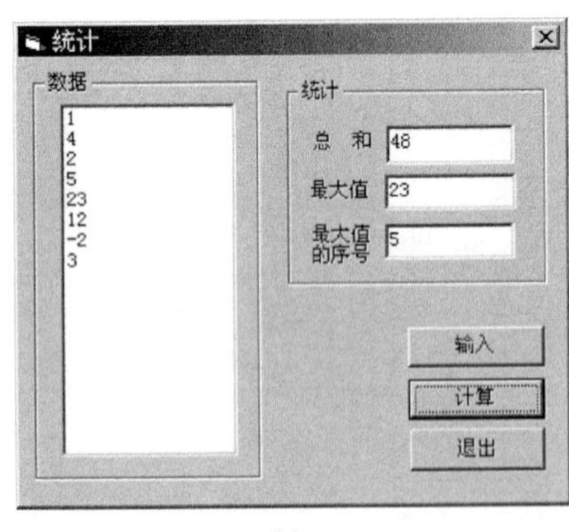

(a)

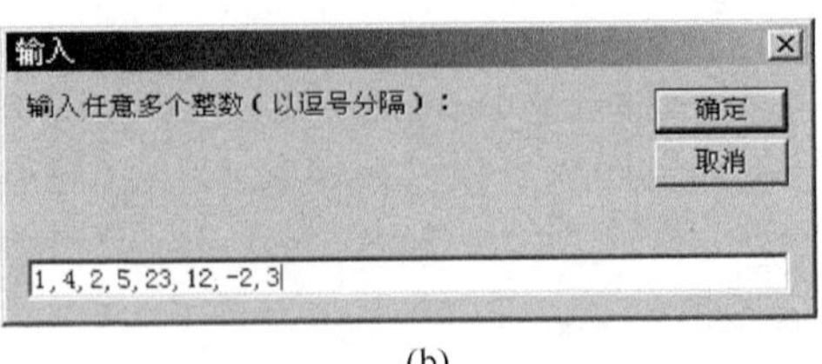

(b)

图 7-5 统计数据

7. 下列程序实现统计字母和数字字符在文本中出现的次数。程序运行后的结果如图 7-6 所示,在上面的文本框中输入一个句子,单击“统计”按钮后在下面的文本框中列出句子中每个字母或数字字符出现的次数。请完善该程序。

```
Private Sub Command1_Click()
    Dim str1 As String, n1 As Integer
    Dim a(61) As Integer
    Dim i As Integer, line1 As Integer
    Dim s1 As String * 1, len1 As Integer
    str1 = Text1.Text
    len1 = Len(str1)
    For i = 1 To len1
        s1 = Mid(str1, i, 1)
        If s1 >= "A" And s1 <= "Z" Then
            n1 = Asc(s1) - Asc("A")
            a(n1) = a(n1) + 1
        ElseIf s1 >= "a" And s1 <= "z" Then
            n1 = Asc(s1) - Asc("a") + 26
            a(n1) = a(n1) + 1
        ElseIf s1 >= "0" And s1 <= "9" Then
            n1 = Asc(s1) - Asc("0") + ______①______
            a(n1) = a(n1) + 1
        End If
    Next
    Text2.Text = ""
    For i = 0 To 61
        If a(i) > 0 Then
            Select Case i
                Case 0 To 25
                    Text2 = Text2 & Chr(i + Asc("A")) & ": " & CStr(a(i)) & "   "
                Case ______②______
                    Text2 = Text2 & Chr(i - 26 + Asc("a")) & ": " & CStr(a(i)) & "   "
                Case Else
                    Text2 = Text2 & Chr(i - 52 + Asc("0")) & ": " & CStr(a(i)) & "   "
            End Select
            line1 = line1 + 1
            If ______③______ Then Text2 = Text2 & Chr(13) & Chr(10)
        End If
    Next
End Sub
```

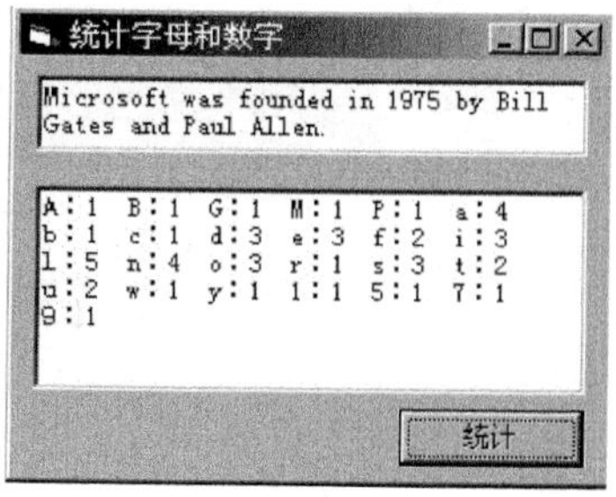

图 7-6 统计字母和数字

第8章 文件操作与多模块程序设计

一、判断题

1. 工程的"启动对象"是指程序启动时被自动加载并执行的对象,"启动对象"只能是工程中的一个窗体。 ( )

2. Visual Basic 中的启动对象可以是窗体模块,也可以是标准模块中的一个名为 Main 的 Sub 过程。 ( )

二、选择题

1. 在一个新建的多模块程序中,默认的启动对象是________。

(A) 第一个添加的窗体　　(B) 最后一个添加的窗体

(C) Sub Main 过程　　(D) 窗体名为 Form1 的窗体

2. 多窗体程序由多个窗体组成。在缺省情况下,Visual Basic 在执行应用程序时,总是把________指定为启动窗体。

(A) 不包含任何控件的窗体　　(B) 设计时的第一个窗体

(C) 命名为 Frml 的窗体　　(D) 包含控件最多的窗体

3. 以下关于由多个窗体模块和标准模块组成的应用程序设计方法的叙述中,错误的是________。

(A) 默认情况下,第一个窗体为启动窗体

(B) 通过设置,可指定任一窗体为启动窗体

(C) 通过设置,可指定标准模块中的 Main()过程为启动过程

(D) 通过设置,可指定窗体模块中的 Main()过程为启动过程

4. 下面的叙述中正确的是________。

(A) 一个 Visual Basic 工程中至少应有一个窗体

(B) Visual Basic 工程的启动对象只能是窗体

(C) Visual Basic 工程中可以有多个窗体对象,但只有第一个窗体可以作启动对象

(D) 名称为 Main 的 Sub 过程可以作启动对象,但必须在标准模块中定义

5. 下列关于 Visual Basic 程序模块的描述中正确的是________。

(A) 标准模块中的所有过程可以在整个工程范围内被调用

(B) 窗体模块中的过程可以调用其他窗体中被声明为 Public 的通用过程

(C) 如果工程文件中包含 Sub Main 过程,则运行该工程时,一定先执行此过程

(D) 如果工程文件中不包含 Sub Main 过程，则程序只能从第一个创建的窗体开始执行

6. 窗体的下列事件过程中，没有参数的是________。

(A) Load (B) Unload (C) QueryUnload (D) MouseMove

7. 下面的________事件是在窗体加载到内存中时触发的。

(A) Load (B) MouseUp (C) Click (D) DblClick

8. 下面窗体的________事件在窗体从加载到卸载这个过程中只可能触发一次。

(A) GotFocus (B) Activate (C) Load (D) Deactivate

9. 在多窗体的应用程序中，当前窗体模块的 Form_Click() 事件过程中包含如下语句，单击该窗体，其中________一定可以将 Hello 显示在当前窗体上。

(A) Form1. Print "Hello"

(B) Me. Print "Hello"

(C) Debug. Print "Hello"

(D) form2. Print "Hello"

10. 编程时可能出现的错误可以分为三类：编译错误、运行错误和________。

(A) 语法错误 (B) 连接错误 (C) 算法错误 (D) 逻辑错误

11. 在调试程序时，如果程序运行后陷入“死循环”，使用________键可以强制中断程序。

(A) Ctrl+C (B) Ctrl+End (C) Ctrl+Break (D) Ctrl+Enter

12. 以________方式打开的文件，只能读不能写。

(A) Input (B) Output (C) Random (D) Append

13. 如果想要打开顺序文件并将数据添加到文件的尾部，应采用________语句打开文件。

(A) Open "C:\data. txt" For Output As #1

(B) Open "C:\data. txt" For Append As #1

(C) Open "C:\data. txt" For Input As #1

(D) Open "C:\data. txt" For Random As #1

14. 在 Visual Basic 应用程序中，最大的可用文件号是________。

(A) 255 (B) 256 (C) 511 (D) 512

15. 下列说法不正确的是________。

(A) 用 Write #语句写到顺序文件中的逻辑型数据，系统自动在其首尾加双引号作为定界符

(B) 用 Output 模式打开一个顺序文件，即使不对它进行写操作，原来的内容也被清除

(C) 可以 Input 方式用不同文件号同时打开一个顺序文件

(D) 任何类型的文件(顺序、随机、二进制文件)都可以二进制访问模式打开

16. 从顺序文件中读取数据，不能使用________。

(A) Input 语句 (B) Line Input 语句

(C) Input 函数 (D) Read 语句

17. 在程序中执行不带任何参数的 Close 语句，其作用是________。
(A) 关闭当前正在使用的一个文件
(B) 关闭第一个打开的文件
(C) 关闭最近一次打开的文件
(D) 关闭所有文件

18. 以下能判断是否到达文件尾的函数是________。
(A) BOF (B) LOC (C) LOF (D) EOF

19. 以下叙述中错误的是________。
(A) 以 For Input 模式打开的是顺序文件
(B) 使用 Put 语句既可以向随机文件中写数据，也可以向二进制文件中写数据
(C) Close 语句可以关闭随机文件、二进制文件和顺序文件
(D) 随机文件中各记录的长度是随机的

20. ________不是写文件语句。
(A) Put # (B) Print # (C) Write # (D) Output

21. 读随机文件中的记录信息，应使用下面的________语句。
(A) Read (B) Get (C) Input# (D) Line Input#

三、读程序题

1. 应用程序目录下的文本文件 In.txt 中包含一些文本行，下面程序的功能是在原文件中每一行的行首位置添加相应的行号，然后再写入同一目录下名为 Out.txt 的文本文件中(图 8-1)。请完善该程序。

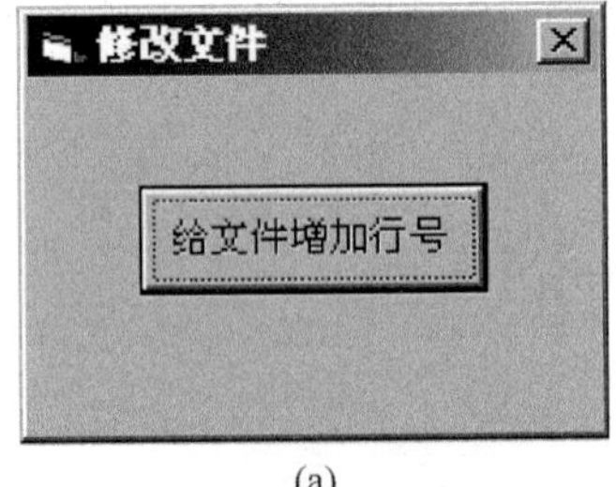

(a)

(b)

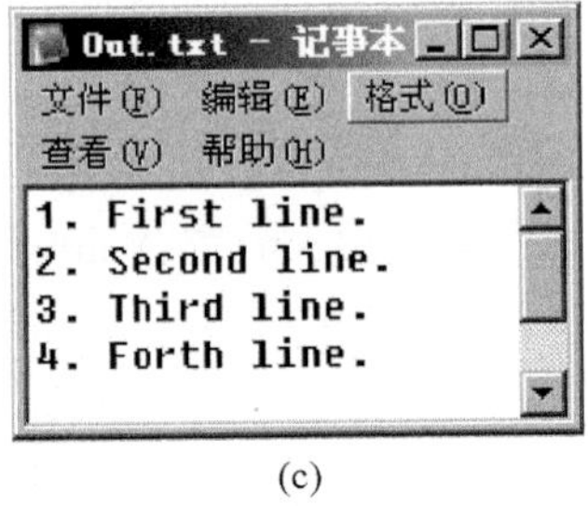

(c)

图 8-1 给文件增加行号

```
Private Sub cmdFileModify_Click()
    Dim strFileName As String
    Dim strInputLine() As String
    Dim intLineNum As Integer
    Dim i As Integer
    strFileName = ______①______
    Open strFileName For Input As #1
    Open App.Path & "\Out.txt" For Output As #2
    intLineNum = 0
    Do Until EOF(1)
        intLineNum = _____②_____
```

```
        ReDim Preserve strInputLine(intLineNum)
        Line Input #1, ______③______
    Loop
    For i = ______④______
        Print #2, CStr(i) & ". "; strInputLine(i)
    Next
    ______⑤______ #1, #2
End Sub
```

2. 本程序从 C 盘根目录下的 data.txt 文件(内容如图 8-2(a)所示)中依次读入两个点的坐标 X1、Y1 和 X2、Y2,然后计算这两个点连成的直线与 Y 轴的截距 b 及其斜率 k;最后将数据显示在窗体的控件中[图 8-2(b)]并将 k 和 b 的值写入 C 盘根目录下的 dataout.dat 文件中。为了避免计算出错,当两点横坐标值相差很少时,认为直线与 Y 轴平行;当两点纵坐标值相差很少时,认为直线与 X 轴平行,这两种情况下均不计算 b 和 k 的值。请完善该程序。

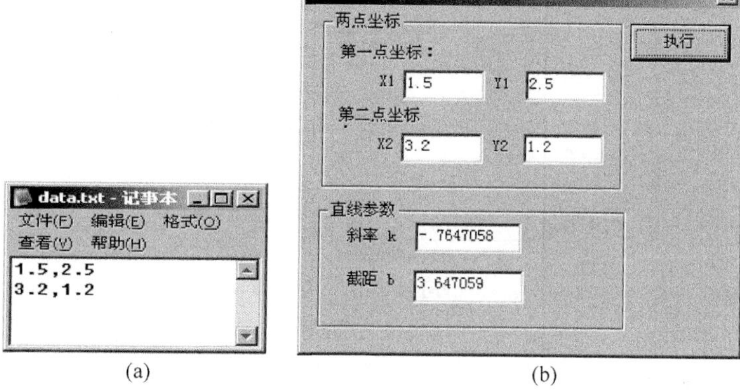

(a)　　(b)

图 8-2　计算截距及斜率

```
Dim Coord(1 To 4) As Single
Dim k As Single
Dim b As Single
Dim i As Integer
Open "c:\data.txt" For Input As 1
Open "c:\dataout.dat" ______①______ As 2
For i = 1 To 4
  Input #1, ______②______
  txtCoord(i - 1) = Coord(i)
Next
Close ______③______

If Abs(Coord(1) - Coord(3)) <= 0.000001 Then
  MsgBox "直线平行于 Y 轴", 64
  Exit Sub
End If
If ______④______ <= 0.000001 Then
  MsgBox "直线平行于 X 轴", 64
```

```
    Exit Sub
  End If

  k = (Coord(4) - Coord(2)) / (Coord(3) - Coord(1))
  b = Coord(2) - (Coord(4) - Coord(2)) / (Coord(3) - Coord(1)) * Coord(1)
  Write ____⑤____, k, b
  txtK = k
  txtB = b
Close ____⑥____
```

3. 下面程序的功能是将应用程序文件夹下文本文件 in.txt 中所有重复的字符去掉，即保证每个字符只出现一次，并将处理后的数据写入 D 盘根目录下的文件 out.txt 中。请完善该程序。

```
Private Sub cmdProcess_Click()
    Dim inText As String, tmpChar As String, outText As String
    Dim intLen As Integer, k As Integer
    outText = ""
    Open ____①____ & "\in.txt" For Input As #1
    Open "d:\out.txt" For Output As #2
    intLen = LOF(1)
    '下面语句中 Input 函数可从指定的文件中读入指定个数字节的数据
    inText = Input(intLen, #1)
    For k = ____②____
        tmpChar = Mid(inText, ____③____, 1)
        If InStr(____④____) = 0 Then
            outText = outText & tmpChar
        End If
    Next k
    Print ____⑤____
    Close #2, #1
End Sub
```

4. 本程序的功能是：将 1～20 共 20 个自然数按某种顺序围成一个圈，使得所有相邻的两数之和均为质数(素数)。其界面如图 8-3 所示。

程序中，数组 a 中依次存放 1～20 之间的奇数，数组 b 中依次存放 1～20 之间的偶数，数组 c 中存放最后的结果(首尾相连即为所要求的圈)。程序首先将 1(奇数)放入 c，从 b 中选一偶数放入 c，使该两数之和为素数，然后再从 a 中选一奇数放入 c，使相邻两数之和为质数，重复此过程直至 c 中放满为止。数组 c 中各个元素的值显示在窗体上，并被依次存入 C 盘根目录下的 out.txt 文件中。

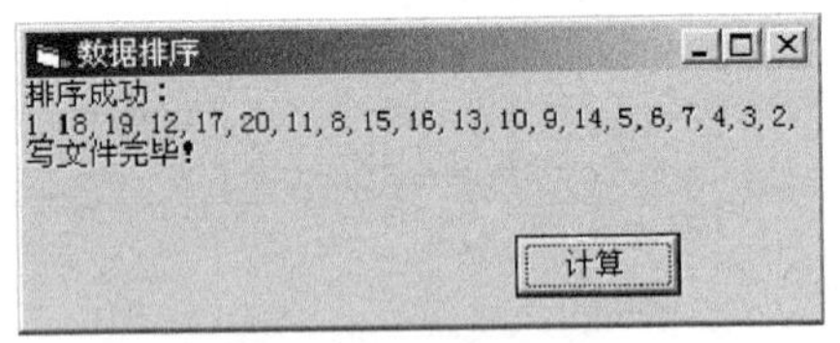

图 8-3　数据排序

请完善此程序。

```
Option Base 1
Private Sub Command1_Click()
    Dim a(10) As Integer, b(10) As Integer, c(20) As Integer
    Dim i As Integer, k As Integer, m As Integer, n As Integer
```

```
        For i = 1 To 10
            a(i) = ____①____
            b(i) = a(i) + 1
        Next
        c(1) = a(1): m = c(1): a(1) = 0
        k = ____②____
        Do While k <= 20
            If k Mod 2 = ____③____ Then
                Call ____④____
            Else
                s  a, m, n
            End If
            c(k) = n: k = k + 1
            m = n
        Loop
        If prime(c(1) + n) Then
            Print "排序成功: "
            Open ____⑤____ For Output ____⑥____
            For i = 1 To 20
                Print CStr(c(i)) & ",";
                Print #10, ____⑦____
            Next
            Close #10
            Print
            Print "写文件完毕!"
        Else
            Print "不成功"
        End If
    End Sub

    Private Function prime(ByVal i As Integer) As ____⑧____
        Dim int1 As Integer
        For int1 = 2 To i / 2
            If i Mod int1 = 0 Then Exit For
        Next
        If ____⑨____ Then prime = True
    End Function

    Private Sub s(____⑩____, m As Integer, n As Integer)
        Dim f As Boolean, i As Integer
        i = 10
        ____⑪____
        Do While i >= 1 And f
            If x(i) = 0 Then
                i = i - 1
            Else
                n = x(i)
                If prime(____⑫____) Then
                    x(i) = 0
                    f = False
                Else
```

```
            i = i - 1
        End If
    End If
  Loop
End Sub
```

5. 已知有10名运动员100米短跑的成绩，存放在C盘根目录下的数据文件(score.txt)中。1号到10号运动员的成绩分别为12.12,11.53,11.45,12.22,12.12,13.10,10.98,13.78,11.45,11.89。该程序实现从数据文件中读入数据并排名次的功能。请完善程序。

```
Private Sub Form_Click()
    Dim a(10, 2) As Single, i As Integer, j As Integer
    Open ____①____ For Input As 1
    For i = 1 To 10
        Input #1, a(i, 1)
        a(i, 2) = i
    Next
    sort  a
    out  a
End Sub

Private Sub sort(____②____)
    Dim temp As Single, i As Integer, j As Integer, k As Integer
    Dim p As Integer, n As Integer, m As Integer
    n = UBound(b, 1): m = ____③____
    For i = 1 To n - 1
        k = i
        For j = i + 1 To n
            If b(k, 1) > b(j, 1) Then k = j
        Next j
        If k <> i Then
            For p = 1 To ____④____
                temp = b(i, p)
                b(i, p) = b(k, p)
                b(k, p) = temp
            Next
        End If
    Next
End Sub

Private Sub out(c() As Single)
    Dim i As Integer, p As Integer
    p = 1
    For i = 1 To 10
        Print Spc(4); "第"; p; "名是: "; c(i, 2); "号运动员,成绩为: "; c(i, 1)
        If i = 10 Then Exit Sub
        Do While c(i, 1) = c(i + 1, 1)
            ____⑤____
            Print Spc(5); "并列的有: "; c(i, 2); "号运动员"
```

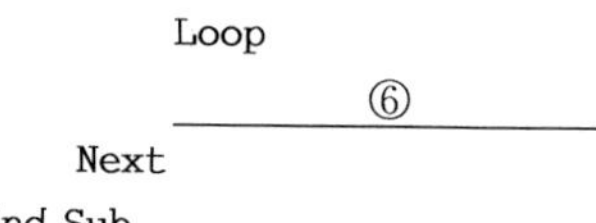

```
        Loop
        _____⑥_____
    Next
End Sub
```

6. 本程序段从文件中读入 n 个整数 $a_1, a_2, a_3, a_4, \cdots, a_n$(个数 n 事先不知道),若这些整数满足如下条件之一,则输出"符合条件",否则输出"不符合条件"。

(1) 递增：$a_1 < a_2 < \cdots < a_n$；

(2) 先递增后递减：$a_1 < a_2 < \cdots < a_j$ 且 $a_j > a_{j+1} > a_{j+2} > \cdots > a_n$；

(3) 递减：$a_1 > a_2 > \cdots > a_n$。

请完善本程序。

```
Dim a() As Integer
Dim i As Integer, j As Integer, n As Integer
Open "f:\n.txt"_____①_____ As 1
Do While Not EOF(1)
    n = n + 1
    ReDim _____②_____
    Input #1, a(n)
Loop
Close #1
For i = 1 To _____③_____
    If a(i) >= a(i + 1) Then Exit For
Next

For j = i To n - 1
    a(j)_____④_____a(j + 1) Then Exit For
Next
If j = _____⑤_____ Then
    Print "符合条件"
Else
    Print "不符合条件"
End If
```

7. 下面程序利用随机函数产生 n 个元素的整数数组,并对此整数数组的元素进行递增排序,排序前和排序后的元素均存入文件"d:\a.txt"中,请填入相关语句完成程序。

```
Private Sub Command1_Click()
    Dim n As Integer, fname As String, p() As Integer
    n = InputBox("请输入要产生的随机数个数.")
    Randomize
    _____①_____
    Open fname For Output As #1
    Write #1, n
    _____②_____
    For i = 1 To n
        p(i) = Rnd * 100
        Write #1, p(i);
    Next
    Write #1,
```

```
        Call bubsort(p)
    For i = 1 To n
        Write #1, p(i);
    Next
        Close #1
    End Sub

    Private Sub bubsort(p() As Integer)
        Dim i As Integer, j As Integer, m As Integer
        Dim n As Integer, k As Integer, l As Integer, d As Integer
        l = LBound(p)
        _____③_____
        k = l:m = n - 1
        Do While k < m
            j = m
            m = l
            For i = k To j
                If p(i) > p(i + 1) Then
                    _____④_____
                    p(i) = p(i + 1)
                    p(i + 1) = d
                    m = i
                End If
            Next
            _____⑤_____
            k = l
            For i = m To j Step -1
                If p(i - 1) > p(i) Then
                    d = p(i)
                    p(i) = p(i - 1)
                    p(i - 1) = d
                    _____⑥_____
                End If
            Next
        Loop
    End Sub
```

8. 下面是一个给字符串加密的程序，如图 8-4 所示，在上面的文本框(Text1)中输入由英文单词、标点符号和空格组成的句子；单击“加密”按钮(Command1)，则在下面的文本框(Text2)中显示加密的结果。

图 8-4 给字符串加密

加密规则：①只加密字母字符，其他字符（如空格、标点符号）不变；②加密之后，字母大小写不变，即大写字母加密成大写，小写字母加密成小写；③加密之后的字母是字母表（A～Z，a～z）中原字母加上其在单词中的位置（序号）之后的字母，例如单词“Hello”中“H”是第1个字母，则转换为它在字母表中之后的第1个字母“I”，“e”是单词中第2个字母，转换之后是它在单词表中之后的第2个字母“g”，……；④如果字母加上序号之后已超出字母范围（大于“Z”或“z”）则折回头，从“A”或“a”算起，例如，若“Y”出现在单词的第2个位置上，则转换为“A”，若“x”出现在单词的第4个位置上，则转换为“b”。请完善此程序。

提示：A～Z的ASCII码依次为65～90；a～z的ASCII码依次为97～122。

```
Private Sub Command1_Click()
    Dim s1 As String
    Dim s2 As String
    Dim s As String
    Dim i As Integer, k As Integer
    s1 = Text1
    i = 1
    Do Until i > Len(s1)
        s = Mid(_____①_____)
        If _____②_____(Asc(s) >= 65 And Asc(s) <= 90 _
            Or Asc(s) >= 97 And Asc(s) <= 122) Then
            k = 0
            s2 = s2 & s
        Else
            _____③_____
            s2 = s2 & Encode(s, k)
        End If
        i = i + 1
    Loop
    Text2 = s2
End Sub

Private Function Encode(s As String, n As Integer) As String
    Dim k As Integer
    k = Asc(s) + n
    If (Asc(s) <= 90 And k > 90) Or (Asc(s) <= 122 And k > 122) Then
        _____④_____
    End If
    _____⑤_____
End Function
```

9. 本程序界面如图8-5(a)所示。在“数据文件”文本框中输入一个文件名（文件中存有多个以逗号分隔的整数），然后单击“打开”按钮，将文件中的数据读入并显示在“排序前”列表框中；从“排序方法”中选择一种排序方法，然后单击“排序”按钮，数据按升序排序，排序结果显示到“排序后”列表框中并同时保存到C盘根目录下的postsort.dat文件中。

如果在单击“打开”之前，“数据文件”文本框中未输入文件名，则显示如图8-5(b)所示的消息框。请完善该程序。

```
Option Base 1
```

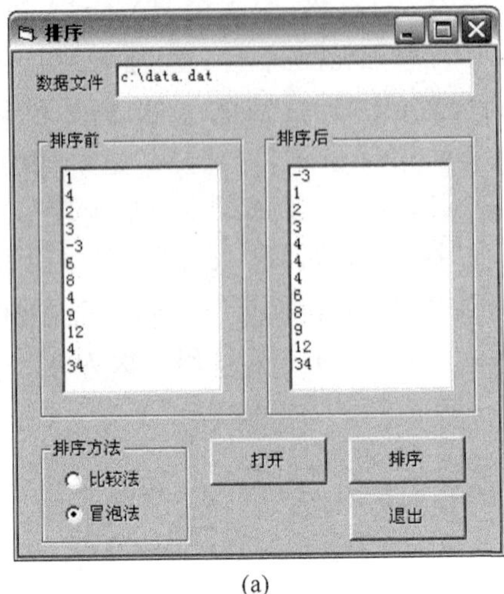

(a)

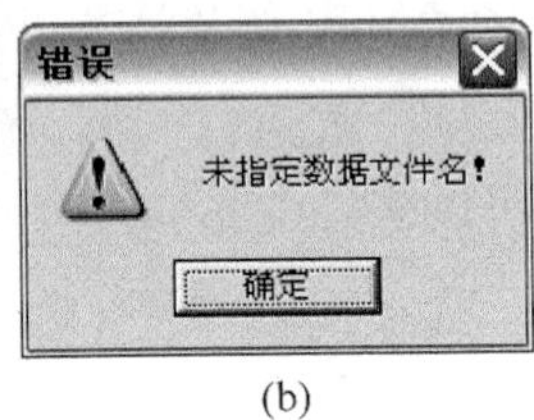

(b)

图 8-5 排序

```
Private i() As Integer
Private n As Integer

Private Sub Command1_Click()
    Dim int1 As Integer, int2 As Integer, int3 As Integer
    Dim s As String
    s = Text1.Text
    If Trim(s) = "" Then
        MsgBox ______①______, 48, "错误"
        Exit Sub
    End If
    Open ______②______
    n = 0
    List1.Clear
    Do While Not EOF(1)
        ______③______
        ReDim Preserve i(n)
        Input #1, ______④______
        List1.AddItem i(n)
    Loop
    Close 1
End Sub

Private Sub Sort1()          '比较法
    Dim int1 As Integer, int2 As Integer
    Dim int3 As Integer
    For int1 = 1 To ______⑤______
        For int2 = int1 + 1 To n
            If ______⑥______ Then
                ______⑦______
                i(int1) = i(int2)
                i(int2) = int3
```

```
            End If
        Next
    Next
End Sub

Private Sub Sort2()          '冒泡法
    Dim int1 As Integer, int2 As Integer
    Dim intTemp As Integer
    For int1 = n To 2 Step -1
        For int2 = 1 To int1 - 1
            If ______⑧______ Then
                intTemp = i(int2)
                i(int2) = i(int2 + 1)
                i(int2 + 1) = intTemp
            End If
        Next
    Next
End Sub

Private Sub Command2_Click()
        Dim int1 As Integer
        If Option1.Value Then
            Call Sort1
        Else
            Call Sort2
        End If
        Open ______⑨______ For Output As 1
        List2.Clear
        For int1 = 1 To ______⑩______
            Write #1, i(int1),
            List2.AddItem i(int1)
        Next
        Close 1
End Sub
```

10. 本程序有两个文本框，上端文本框 Text1 用来输入文件名，下端文本框 Text2 用来输入文件内容。单击“写入文件”按钮，可将文件内容写入 Text1 指定的文件中；单击“加密”按钮，可将 Text1 指定文件中的内容读出加密后显示在 Text2 中。加密规则是：所有英文字符转换成其后一个字符(如 A 转变为 B)，其他字符不变。图 8-6(b)为图 8-6(a)加密后的界面。请完善程序。

```
Private Sub CmdEncrypt_Click()
    Dim strline As String, filename As String
    Dim str1 As String, str2 As String
    ______①______ = Text1.Text
    Open filename For Input As #1
    Do While ______②______
        Line Input #1, strline
        Call Encrypt(strline, str1)
        str2 = ______③______
```

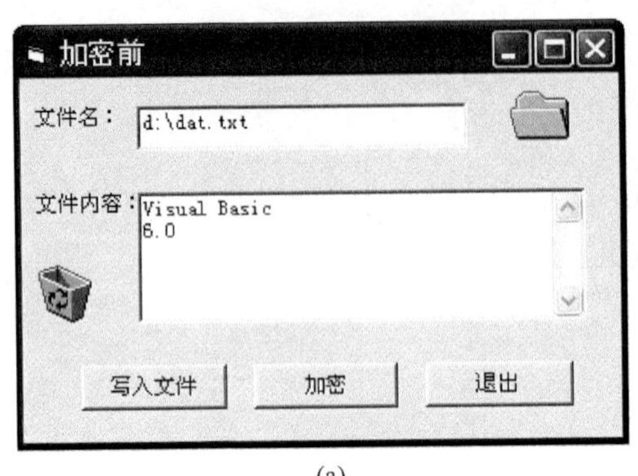

(a)

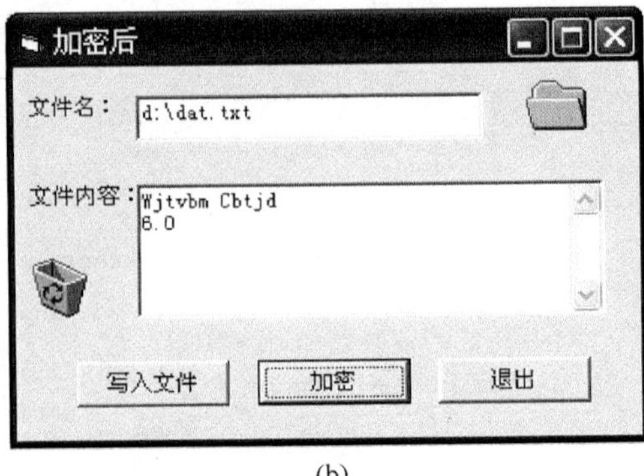

(b)

图 8-6　写入文件及加密

```
        Loop
        Text2.Text = str2
        Close
    End Sub

    Private Sub CmdWrite_Click()
        Open Text1.Text ____④____ As #2
        Print #2, Text2.Text
        Close #2
    End Sub

    Public Sub Encrypt(x As String, y As String)
        Dim str1 As String * 1
        Dim i As Integer
        y = ""
        For i = 1 To Len(x)
            str1 = ____⑤____
            If str1 ____⑥____ Then
                y = ____⑦____
            Else
                y = y + str1
            End If
        Next i
    End Sub

    Private Sub CmdExit_Click()
        End
    End Sub
```

11. 本程序的功能是：如图 8-7 所示，先指定一个保存了若干个整数的数据文件，再指定一个要查找的数；单击“查找”按钮，程序将文件中的数显示到“排序前”文本框中，再递减排序，将排序后的数显示到“排序后”文本框中；并将要查找的数在排序后数列中的序号显示到“次序”文本框中。如果指定的数不在数据文件中，则显示“没有指定的数”。请完善本程序。

```
Option Base 1
Function Search(a() As Integer, v As Integer) As Integer     '折半查找
    Dim m As Integer, n As Integer, k As Integer
    m = LBound(a)
    n = UBound(a)
    Do Until m >= n
        k = (m + n) \ 2
        If ______①______ Then
            m = k + 1
        ElseIf v > a(k) Then
            n = k - 1
        Else
            ______②______
            Exit Function
        End If
    Loop

    If a(m) = v Then
        Search = m
    Else
        Search = 0
    End If
End Function

Private Sub Sort(a() As Integer)        '对数据进行排序(冒泡法)
    Dim i As Integer, j As Integer, temp As Integer
    For i = UBound(a) To 2 Step -1
        For j = 1 To i - 1
            If a(j)______③______ a(j + 1) Then
                ______④______ = a(j)
                a(j) = a(j + 1)
                a(j + 1) = temp
            End If
        Next
    Next
End Sub

Private Sub Command1_Click()
    Dim n As Integer: Dim m As Integer
    Dim a() As Integer
    Dim filename As String
    m = Val(Text2.Text)
    filename = Text1.Text
    Open ______⑤______ For Input As 1
    n = 0
    Do While Not EOF(1)
        n = n + 1
        ReDim Preserve a(n)
        Input #1, a(n)
    Loop
    Close 1
```

```
        Text3 = a2s(a)
        Call Sort(a)
        Text4 = a2s(a)
        n = Search(a, m)
        If n = 0 Then
            Text5.Text = "没有指定的数"
        Else
            Text5.Text = "指定数的序号是" & n
        End If
    End Sub

    Private Function a2s(b() As Integer) As String
        Dim i As Integer
        For i = LBound(b) To UBound(b)
            _____⑥_____ = a2s & b(i) & " "
        Next
    End Function
```

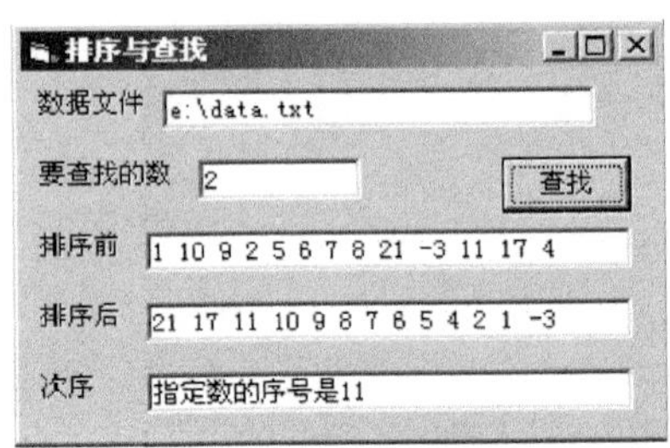

图 8-7 排序与查找

12. 本程序将文件 Random.txt 中的数据(数据个数事先不知)读入数组 a 中,使用"选择法"对这些数按从小到大的顺序排列,并将排序结果写入文件 Sort.txt 中。如图 8-8 所示,两个文本框中分别显示排序前后的数据,程序还以消息框[图 8-8(b)]显示排序过程中数据交换的次数。请完善程序。

```
    Private Sub cmdSort_Click()
        Dim i As Integer, j As Integer, t As Integer, n As Integer
        Dim strSort As String, intExchange As Integer
        Dim a() As Integer
        Open "Random.txt" For Input As #1

        Do While Not EOF(1)
            n = n + 1
            ReDim Preserve a(1 To n)
            Input #1, ____①____
            strSort = strSort & Str(a(n))
        Loop
        Close 1
        txtRamdonNum = strSort
        For i = 1 To ____②____
            For j = i + 1 To n
```

```
            If a(i) > a(j) Then
                ③
                a(i) = a(j)
                a(j) = t
                intExchange = intExchange + 1
            End If
        Next
    Next
    Open "Sort.txt" For Output As #2
    ④
    For i = 1 To n
        Write ⑤ , a(i),
        strSort = strSort & Str(a(i))
    Next i
    txtSortedNum = strSort
    Close 2
    MsgBox "交换次数为: " & intExchange & "次", vbOKOnly, "交换次数"
End Sub
```

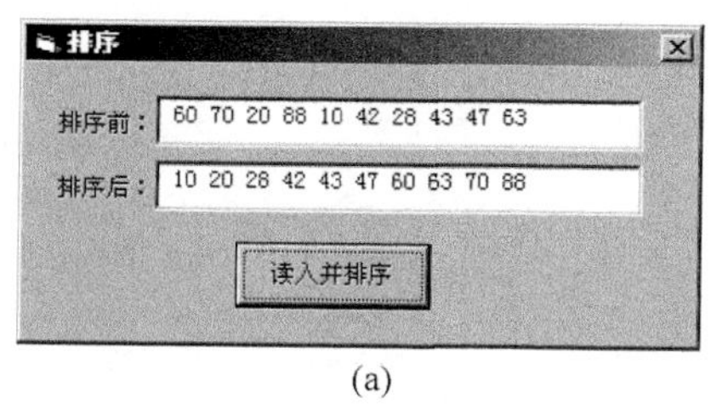

(a)

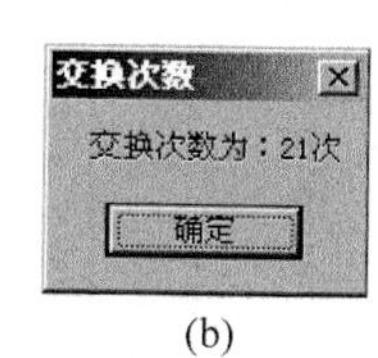

(b)

图 8-8 排序并统计交换次数

13. 本程序的功能是：产生 10 个 1～100 之间的随机整数，并将它们按从大到小的顺序排列，将结果存放在 C 盘根目录下的 Test.txt 文件中。请完善程序。

```
Option Base 1
Private Sub Command1_Click()
    Dim A(10) As Integer, x As Integer, i As Integer, j As Integer
    Randomize: Cls
    i = 1
    Do While i <= 10
        x = Int(100 * Rnd) + 1
        For j = 1 To i
            If A(j) = x Then ①
        Next
        If j = i + 1 Then
            A(i) = x
            Print A(i);
            ②
        End If
    Loop
    Print
    Call Sort(A)
    Call SaveDisk(A)
```

```
    Print "完成"
End Sub
Private Sub Sort(A() As Integer)
    Dim i As Integer, j As Integer, t As Integer, tmp As Integer
    For i = ___③___ To UBound(A) - 1
        t = i
        For j = i + 1 To UBound(A)
          If A(j) > A(t) Then ___④___
        Next j
        If t <> i Then
           tmp = A(i)
          ___⑤___
           A(t) = tmp
        End If
    Next i
End Sub
Private Sub SaveDisk(A() As Integer)
    Open ___⑥___ For Output As 1
    Dim i As Integer
    For i = 1 To UBound(A)
        Write #1, A(i)
        Print A(i);
    Next i
    Print
    Close #1
End Sub
```

14. 产生100～999之间的随机整数，使用冒泡法对其进行升序排列。其界面如图8-9(a)所示。程序通过文本框(其Name属性为txtNum)输入产生随机数的个数，然后单击命令按钮"生成"(其Name属性为cmdCreate)，产生指定个数的随机整数，并将其显示在左边的列表框中(Name属性为List1)；单击命令按钮"排序"(其Name属性为cmdSort)后，将排序后的结果显示在右边的列表框中(Name属性为List2)，同时出现消息提示框[图8-9(b)]给出排序过程中数据交换的次数。单击命令按钮"保存"(其Name属性为cmdSave)后，将排序后的结果保存在C盘根目录下的sorted.txt文件中。请完善程序。

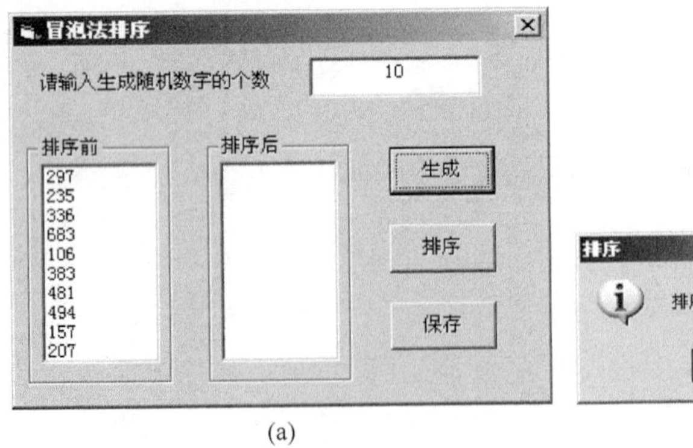

(a) (b)

图8-9 冒泡法排序

```
Option Base 1
Dim  a( )  As Integer
Private Sub cmdCreate_Click()
    Dim i As Integer, n As Integer
    n = Val(txtNum.Text)
    ReDim ____①____
    Randomize
    List1.Clear
    For i = LBound(a) To UBound(a)
      a(i) = ____②____
      List1.AddItem a(i)
    Next i
End Sub
Private Sub cmdSort_Click()
    Dim i As Integer: Dim n As Integer
    n = Sort(a)
    List2.Clear
    For i = LBound(a) To UBound(a)
      ____③____
    Next
    MsgBox  "排序成功,共交换数据" & n & "次.", vbInformation
End Sub
Private Function Sort(a( ) As Integer)
    Dim i As Integer, j As Integer, k As Integer
    Dim m As Integer, n As Integer, t As Integer
    m = LBound(a): n = UBound(a)
    For i = n To m + 1 Step -1
        For j = m To ____④____
            If a(j) > a(j + 1) Then
                t = a(j)
                a(j) = ____⑤____
                a(j + 1) = t
                k = k + 1
            End If
        Next
    Next
    Sort = k
End Function
Private Sub cmdSave_Click()
    Dim i As Integer
    Open "C:\sorted.txt" For Output As 1
    For i = LBound(a) To UBound(a)
      Write ____⑥____, a(i)
    Next
    Close 1
End Sub
```

第二部分 参考答案与题目解析

- 第1章 程序设计入门
- 第2章 数据类型、常量与变量
- 第3章 运算符与表达式
- 第4章 控制结构
- 第5章 过程
- 第6章 数组与自定义数据类型
- 第7章 基本控件与内部函数
- 第8章 文件操作与多模块程序设计

第1章 程序设计入门

一、判断题

1.

【答案】 错

【题目解析】 一些只能在运行时使用、不能在设计时设置的属性不列在“属性”窗口中。例如，文本框控件的SelLength、SelStart和SelText属性分别代表当前选定文本的长度、选定文本的起始位置(以0为起点)和选定文本的内容。这三个属性在“属性”窗口中均未列出，只在运行时使用。

【知识点】 “属性”窗口

2.

【答案】 错

【题目解析】 对象的每个属性都反映了该对象某个方面的特性，同一个对象的不同属性之间可能相互影响。例如，改变文本框的ScrollBars属性(有0～3共4个取值)，可以设置文本框的滚动条类型。但只有当该文本框的MultiLine属性为True时，此属性才有意义。

【知识点】 对象的属性

3.

【答案】 错

【题目解析】 不同类型对象支持的事件和方法都可能不同，但同一类型对象的属性、方法与事件的个数和名称是一定的。

【知识点】 对象的事件和方法

4.

【答案】 对

【题目解析】 程序在Visual Basic集成开发环境中共有设计、运行和中断三种状态，通过工具栏上相应按钮的操作可以在三种状态之间进行切换。

【知识点】 程序的状态

5.

【答案】 对

【题目解析】 一个应用程序的所有相关文件称为一个工程，一个工程可以有多个窗体模块、标准模块或其他模块，每个模块又可以有多个过程。

【知识点】 Visual Basic工程，模块

6.

【答案】 错

【题目解析】 程序中的事件过程是由事件驱动的，当某对象的特定事件发生后，相应的事件过程中的代码被执行，与“代码”窗口中的排列顺序无关，即“代码”窗口中过程的定义是平等的、并列的。

【知识点】 对象的事件过程

二、选择题

1.

【答案】 D

【题目解析】 Visual Basic 6.0 是一种由微软公司开发的包含集成开发环境的面向对象的事件驱动编程语言，只用于开发 Windows 操作系统下的应用程序。用 Visual Basic 编写的程序，可以在集成开发环境中解释性地执行，也可以编译成可执行程序后，脱离 Visual Basic 环境运行。

【知识点】 Visual Basic 基本概念

2.

【答案】 A

【题目解析】 Visual Basic 5.0 及以后版本只能创建 32 位可执行文件，但可以导入由 4.0 版本创建的 16 位程序，并且能顺利编译。

【知识点】 Visual Basic 基本概念

3.

【答案】 D

【题目解析】 Visual Basic 不是汇编语言，而是一种面向对象的高级语言。

【知识点】 Visual Basic 基本概念

4.

【答案】 C

【题目解析】 并非所有的 Visual Basic 控件都具有宽度(Width)和高度(Height)属性，如定时器(Timer)控件就没有这两个属性。

【知识点】 Visual Basic 基本概念

5.

【答案】 D

【题目解析】 Visual Basic 是面向对象的编程语言，而非面向过程的编程语言。

【知识点】 Visual Basic 基本概念

6.

【答案】 D

【题目解析】 Visual Basic 是一种面向对象的程序设计语言。

【知识点】 Visual Basic 基本概念

7.

【答案】 A

【题目解析】 对象所具有的特性称为对象的“属性”(Property)；对象所具有的动作和行为称为对象的“方法”(Method)；对象可以识别并做出反应的外部刺激称为对象的“事件”(Event)。

【知识点】 面向对象编程(OOP)的基本概念

8.

【答案】 D

【题目解析】 对象可以识别并做出反应的外部刺激称为对象的“事件”(Event)，对于对象“足球”而言，“被球员踢”是其可以识别并做出反应的“事件”，“进入球门”是它的方法。

【知识点】 面向对象的基本概念

9.

【答案】 D

【题目解析】 标准模块是与窗体模块并列的一类模块，Visual Basic 应用程序可以没有标准模块。

【知识点】 工程的基本概念

10.

【答案】 C

【题目解析】 双击窗体上的某个控件可以打开代码窗口，且可将鼠标定位于该控件默认事件过程代码编辑位置，方便编写。

【知识点】 集成环境

11.

【答案】 C

【题目解析】 “工具箱”窗口包含 Visual Basic 常用的基本控件，可以直接将控件图标放置在窗体上进行程序界面布局设计。

【知识点】 集成环境

12.

【答案】 A

【题目解析】 大部分窗口操作命令都列在“视图”菜单中，如代码、对象、属性、立即、本地等窗口的操作都可以在视图菜单中找到。

【知识点】 集成环境

13.

【答案】 D

【题目解析】 可以打开“立即窗口”的快捷键是 Ctrl＋G；打开菜单编辑器可以用 Ctrl＋E。

【知识点】 集成环境

14.

【答案】 D

【题目解析】 对象的属性大多可以在“属性”窗口和程序代码中设置，也有少数属性只能在“属性”窗口(如 Name 属性)或只能在程序代码中设置(如驱动器列表框控件的 Drive 属性)，不同对象同名属性的数据类型大多相同，但也有例外(如单选框和复选框的 Value

属性)。

【知识点】 对象的属性

15.

【答案】 C

【题目解析】 有些属性只能在程序中通过代码设置,如驱动器列表框控件的 Drive 属性。

【知识点】 对象属性

16.

【答案】 C

【题目解析】 设计阶段双击窗体上的某个控件可以打开代码窗口编写程序。

【知识点】 Visual Basic 集成开发环境

17.

【答案】 A

【题目解析】 Hide 方法将窗体对象隐藏,并将其 Visible 属性设置为 False。窗体被隐藏之后,不能响应用户的操作,但并未退出内存。

【知识点】 窗体卸载

18.

【答案】 B

【题目解析】 快捷键 Ctrl + C 用来进行复制操作,不能使程序进入中断状态。

【知识点】 程序中断

19.

【答案】 A

【题目解析】 快捷键 Ctrl + V 一般用来进行粘贴操作,不能使程序进入中断状态。

【知识点】 程序中断

20.

【答案】 C

【题目解析】 Ctrl+Break 是强制程序终止的组合键,常用来终止程序的死循环。

【知识点】 终止程序,死循环

21.

【答案】 C

【题目解析】 窗体的标题栏中显示的文本是窗体的 Caption 属性而不是 Name 属性(注意,Name 属性也不能在程序中通过赋值改变);窗体没有 Title 属性和 Text 属性。

【知识点】 常用属性

22.

【答案】 C

【题目解析】 窗体的标题是窗体的 Caption 属性而不是 Name 属性(注意,Name 属性也不能在程序中通过赋值改变);窗体模块中默认的对象为窗体,故 Caption 前不加对象名,默认为窗体对象,(C)选项正确。值得注意的是,如果在其他模块中为一个窗体的属性赋值,必须加窗体对象名,如:Form1. Caption= "Wonderful VB! "。

【知识点】 常用属性,默认对象

23.

【答案】 C

【题目解析】 在程序中给对象属性赋值的一般形式为:对象名.属性名 = 新的属性值

【知识点】 Visual Basic 语法

24.

【答案】 A

【题目解析】 窗体模块中无论窗体名称属性是什么,其事件过程对象名都是 Form。

【知识点】 Visual Basic 基本概念

25.

【答案】 D

【题目解析】 窗体没有 Change 事件。

【知识点】 常用事件

26.

【答案】 A

【题目解析】 Load 事件是窗体在加载过程中由系统触发的事件,常用来对窗体或控件进行初始化。

【知识点】 Visual Basic 基本概念

27.

【答案】 A

【题目解析】 窗体模块中无论窗体名称属性是什么,其事件过程对象名都是 Form。

【知识点】 Visual Basic 基本概念

28.

【答案】 A

【题目解析】 Load 方法将窗体加载到内存但不显示出来,Show 方法可以使窗体从隐藏状态变为显示状态;若使用 Show 方法前未用 Load 方法加载窗体,则用 Show 方法可以直接加载窗体并显示。

【知识点】 窗体常用方法

29.

【答案】 B

【题目解析】 “Form1.Left + 200”表示将窗体 Form1 的左边界右移 200 twip,即使窗体 Form1 右移 200 twip。

【知识点】 Move 方法

30.

【答案】 C

【题目解析】 将命令按钮的 Cancel 属性设置为 True,则按 Esc 键时相当于单击该按钮;将命令按钮的 Default 属性设置为 True,则按 Enter 键时相当于单击该按钮。

【知识点】 命令按钮常用属性

31.

【答案】 D

【题目解析】 将命令按钮的Style属性设置为Graphics，并在Picture属性中添加图片文件，可以在命令按钮上显示图形。

【知识点】 命令按钮常用属性

32.

【答案】 C

【题目解析】 题意是使命令按钮Command1在当前位置基础上右移200缇，(A)和(B)给出的均为绝对位置，错误；(D)选项Left属性值减少，为左移200缇。

【知识点】 命令按钮属性、方法

33.

【答案】 C

【题目解析】 Move方法前未加对象名，默认为窗体；“Move 500,500”中的“500,500”为距屏幕左边界和上边界的绝对位置。

【知识点】 Move方法

34.

【答案】 A

【题目解析】 命令按钮对象没有双击(DblClick)事件。

【知识点】 命令按钮常用事件

35.

【答案】 C

【题目解析】 Text属性是文本框最常用的属性，为其默认属性，表示文本框中显示的文本。如果直接为其对象名赋值，表示为其默认属性赋值，如：Text1="Hello Word!"。

【知识点】 文本框常用属性

36.

【答案】 D

【题目解析】 Height的值可以在程序中改变，不是只读属性。

【知识点】 常用属性

37.

【答案】 A

【题目解析】 只有将文本框的MultiLine属性设置为True，文本框才支持多行显示，这样才可以通过ScrollBars属性设置滚动条。

【知识点】 常用属性

38.

【答案】 B

【题目解析】 在程序中给对象属性赋值的一般形式为：对象名.属性名=新的属性值。

【知识点】 Visual Basic语法

39.

【答案】 A

【题目解析】 SetFocus 是对象获得焦点的方法。

【知识点】 SetFocus 方法

40.

【答案】 B

【题目解析】 要使文本框控件具有滚动条，除了设置其 ScrollBars 属性外，还需设置 MultiLine 属性为 True。

【知识点】 文本框常用属性

41.

【答案】 A

【题目解析】 使用文本框的 PasswordChar 属性可以设置口令字符，设置后，文本框输入的字符均显示为该字符。

【知识点】 文本框常用属性

42.

【答案】 C

【题目解析】 将 Passwordchar 属性设置为＃，则文本框输入文本时将只显示＃号。

【知识点】 文本框常用属性

43.

【答案】 C

【题目解析】 文本框内显示的内容为其 Text 属性的值，默认类型为字符串，可以通过赋值语句获得。(A)选项文本框内显示的内容为逻辑表达式 a ＋ b ＝ c 的计算结果 True；(B)选项文本框内显示的内容为字符串 a ＋ b ＝ c；(C)选项文本框内显示的内容为字符表达式 a & "＋" & b & "＝" & c 的运算结果，“&”为字符连接符，将变量的值和“＋”、“＝”连接组成一字符串“5＋ 7＝12”显示在文本框中；对于(D)选项，a、b 和 c 均带字符串定界符，即将字符 a、b、c 与“＋”、“＝”连接后显示在文本框中，结果同(B)。

【知识点】 表达式，文本框

44.

【答案】 B

【题目解析】 Visual Basic 中，“.”前一般为对象名，“.”后为方法名或属性名，需根据具体关键字判断。原程序代码中，Move 为方法名，表示将窗体 frmMove 移动到文本框 txtMove 中给定的距屏幕左端的位置，并距屏幕顶端 800 缇(1 缇等于 1/567 厘米)。

【知识点】 对象，属性，方法，Move 方法

45.

【答案】 C

【题目解析】 Name 是所有控件都具有的属性，且其值只能在属性窗口中设置，程序运行中不能修改。

【知识点】 对象属性

46.

【答案】 D

【题目解析】 一条语句分多行书写时，应在行末加上续行符(空格与下划线)。

【知识点】 Visual Basic 书写规则

47.

【答案】 B

【题目解析】 以注释符(单引号)开头的解释性的文字为注释语句,这些文字为注释内容,注释内容在程序执行时被忽略。注释语句可以单独占一行,也可以写在其他语句的后面。

【知识点】 Visual Basic 书写规则

48.

【答案】 A

【题目解析】 "文件"菜单下的"生成工程.exe"菜单项可以用于编译生成可执行文件。

【知识点】 集成开发环境

49.

【答案】 D

【题目解析】 F5 为 Visual Basic 集成开发环境中启动程序的快捷键。

【知识点】 集成开发环境

50.

【答案】 D

【题目解析】 单击"视图"菜单下的"工程资源管理器"菜单项可以显示出"工程"窗口。

【知识点】 集成开发环境

51.

【答案】 C

【题目解析】 工程资源管理器窗口用来显示和管理工程所包含的所有窗体和模块。

【知识点】 集成开发环境

52.

【答案】 C

【题目解析】 工程文件的扩展名为 vbp;窗体模块的扩展名为 frm;窗体的二进制数据文件的扩展名为 frx;标准模块的扩展名为 bas。

【知识点】 Visual Basic 工程文件

53.

【答案】 D

【题目解析】 同上。

【知识点】 Visual Basic 工程文件

三、填空题

1.

【答案】 ① 窗体模块;② 标准模块;③ 类模块

【题目解析】 Visual Basic 中,常用的模块类型有窗体模块、标准模块和类模块三种。

【知识点】 模块

2.

【答案】 Text2. SetFocus

【题目解析】 SetFocus 是对象获得焦点的方法，“Text2. SetFocus” 语句使 Text2 获得焦点。

【知识点】 SetFocus 方法

3.

【答案】 ① 冒号；② 空格＋下划线

【题目解析】 Visual Basic 中“冒号”用于分隔一行中的多条语句；“空格＋下划线”用作续行符。

【知识点】 Visual Basic 语法规则

4.

【答案】 冒号(:)

【题目解析】 Visual Basic 中用“冒号”分隔一行中的多条语句。

【知识点】 Visual Basic 语法规则

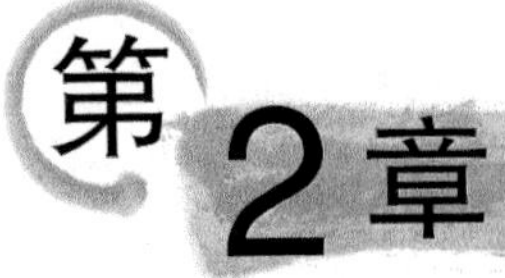

第2章 数据类型、常量与变量

一、判断题

1.

【答案】 错

【题目解析】 变量被定义之后，在第一次赋值之前，其值为默认值。具体如下：数值型变量的默认值为0；逻辑型变量的默认值为False；日期时间型变量的默认值为#0:00:00#；变长字符串变量的默认值为空字符串""；定长字符串变量的默认值是全部由空格组成的字符串，空格个数等于定长字符串的字符个数；对象型变量的默认值为Nothing；变体类型变量的默认值为Empty。

【知识点】 变量初值，默认值

2.

【答案】 错

【题目解析】 一个工程可以没有标准模块。

【知识点】 标准模块，全局变量

二、填空题

1.

【答案】 Byte

【题目解析】 字节型(Byte)变量只能保存0～255范围内的整数。

【知识点】 数据类型

2.

【答案】 全局(或应用程序级)

【题目解析】 全局变量是用Public声明的、可以在整个工程中引用的一类变量。

【知识点】 变量作用域

3.

【答案】 255

【题目解析】 字节型(Byte)变量保存的数据范围为0～255。

【知识点】 数据类型

4.

【答案】 Variant(变体)

【题目解析】 如题面所述。

【知识点】 数据类型

5.

【答案】 下划线

【题目解析】 在 Visual Basic 中变量名必须以字母开始，可以包括字母、数字和下划线（不能包含标点符号且不能与保留关键字重复），长度不能超过 255 个字符。

【知识点】 变量命名规则

6.

【答案】 False

【题目解析】 逻辑型变量被定义之后，其默认初值为 False。

【知识点】 变量的默认值

7.

【答案】 －1

【题目解析】 逻辑值 True 赋给整型变量之后，该变量的值为－1。

【知识点】 数据类型转换

8.

【答案】 Option Explicit

【题目解析】 在模块声明段中加上 Option Explicit 语句，则程序中用到的所有变量必须定义类型后才能使用。

【知识点】 变量的强制定义

9.

【答案】 Print Form2. str1

【题目解析】 引用其他模块中定义的全局变量，其引用格式为：模块名.变量名。

【知识点】 变量重名

10.

【答案】 Public Const PI As Single = 3.141592

【题目解析】 符号常量的定义方法：[Private|Public] Const 常量名 [As 类型名]=表达式

【知识点】 符号常量

三、选择题

1.

【答案】 A

【题目解析】 字节型（Byte）变量只能保存 0～255 范围内的非负数据。

【知识点】 数据类型

2.

【答案】 B

【题目解析】 Integer 和 Boolean 类型的变量均占用 2 个字节的内存空间。

【知识点】 数据类型

3.

【答案】 D

【题目解析】 Integer 和 Boolean 类型占用 2 个字节的内存空间，Byte 类型占用 1 个字节的内存空间，Date 类型占用 8 个字节的内存空间。

【知识点】 数据类型

4.

【答案】 B

【题目解析】 Single 类型占用 4 个字节的内存空间，Double、Date 和类型 Currency 均占用 8 个字节的内存空间。

【知识点】 数据类型

5.

【答案】 D

【题目解析】 字符串常量的定界符是成对出现的双引号；日期型常量使用“#”号作界定符。

【知识点】 数据类型，常量

6.

【答案】 C

【题目解析】 &O 表示后面的是八进制数，而八进制只有 0～7 八个数字，不会出现 9 和 8。其他选项：(A)为字符串常量；(B)为双精度数 1000；(D)为日期型常量。

【知识点】 数据类型，常量

7.

【答案】 C

【题目解析】 ②八进制数中不能有 8；④为单精度数的科学记数法表示，E 后面必须为整数，表示乘以 10 的几次方；⑦拼写有误，应为逻辑常量 True。

【知识点】 数据类型，常量

8.

【答案】 C

【题目解析】 八进制数中不能有 9。

【知识点】 数据类型，常量

9.

【答案】 A

【题目解析】 选项中不正确的 Visual Basic 常数有：# True #，02-03-2003，D-3，E-2，ABCDE

【知识点】 数据类型，常量

10.

【答案】 A

【题目解析】 Visual Basic 合法的变量名必须以字母开始，可以包括字母、数字和下划线(不能包含标点符号且不能与保留关键字重复)，长度不能超过 255 个字符。这里 Const 是 Visual Basic 保留关键字；9FZ 以数字开头；a[B]x 包含非法符号，均不符合命名规则。

【知识点】　变量命名

11.

【答案】　B

【题目解析】　根据 Visual Basic 变量命名规则，x—y 中包含非法符号，不正确。

【知识点】　变量命名

12.

【答案】　C

【题目解析】　根据 Visual Basic 变量命名规则，A_B 为合法的变量名。

【知识点】　变量命名

13.

【答案】　C

【题目解析】　根据 Visual Basic 变量命名规则，Text1 为合法的变量名；Me 是 Visual Basic 保留关键字；X！中的"!"隐式定义 X 为单精度变量。

【知识点】　变量命名

14.

【答案】　A

【题目解析】　根据 Visual Basic 变量命名规则，intForLoop 为合法的变量名；Const 是 Visual Basic 保留关键字。

【知识点】　变量命名

15.

【答案】　D

【题目解析】　变量名也可以用中文命名。根据 Visual Basic 变量命名规则，a－1 中包含非法符号，不正确。

【知识点】　变量命名

16.

【答案】　A

【题目解析】　根据变量的作用域，可以将变量分为局部变量(过程级)、模块级变量和全局变量。

【知识点】　变量作用域

17.

【答案】　B

【题目解析】　在过程中定义的变量为过程级变量，应该使用 Dim 或 Static 语句定义。

【知识点】　变量作用域，变量声明

18.

【答案】　D

【题目解析】　在窗体模块的通用声明段定义的变量为模块级变量(用 Dim 或 Private 定义)或全局变量(用 Public 定义)，不能使用 Static 语句定义。

【知识点】　变量作用域，变量声明

19.

【答案】　D

【题目解析】 在窗体或标准模块的“通用声明”段中，用 Public 定义的变量均为全局变量。

【知识点】 变量作用域，变量声明

20.

【答案】 D

【题目解析】 在过程中用 Static 定义的变量为静态变量，在过程调用结束后还保存它的值。

【知识点】 变量作用域，变量声明

21.

【答案】 A、B

【题目解析】 语句“Dim a,b As Integer”定义的变量，a 为变体，b 为整型；在标准模块的通用过程中也可以使用 Static 定义静态过程级变量。

【知识点】 变量作用域，变量声明

22.

【答案】 D

【题目解析】 在标准模块中用 Public 关键字声明的变量和符号常量为全局的变量或符号常量，其作用范围为整个工程。

【知识点】 变量作用域，变量声明

23.

【答案】 B

【题目解析】 静态变量与普通变量的区别在于：静态变量的值在整个程序的运行过程中都存在，每次执行不重新进行初始化，可以在一个过程的多次执行之间保持其值。

【知识点】 变量作用域，静态变量

24.

【答案】 B

【题目解析】 静态变量的值在结束程序运行前一直保存在内存中，下次调用该过程时依然可用。因此，若原有 y =5，下一次再进入过程 subA 时 y 的值依然为 5。

【知识点】 静态变量

25.

【答案】 A

【题目解析】 将逻辑常量 False 赋给一个整型变量，则该整型变量的值为 0；若将 True 赋给一个整型变量，则该整型变量的值为 −1。

【知识点】 数据类型转换

26.

【答案】 A

【题目解析】 Option Explicit 为强制变量声明语句。

【知识点】 强制变量声明

27.

【答案】 D

【题目解析】 全局变量和全局过程可以在窗体模块中定义，但全局常量、数组、定长字符串和自定义数据类型都必须在标准模块中定义。

【知识点】 作用域

28.

【答案】 D

【题目解析】 全局常量、数组、定长字符串和自定义数据类型都必须在标准模块中定义。

【知识点】 作用域

29.

【答案】 A

【题目解析】 全局变量可以在窗体模块或标准模块的声明段中定义。

【知识点】 作用域,变量声明

30.

【答案】 D

【题目解析】 全局定长字符串变量只能在标准模块的声明段声明,但不定长字符串变量也可以在窗体模块的声明段中定义。

【知识点】 作用域,变量声明

31.

【答案】 B

【题目解析】 全局变量和全局过程也可以在窗体模块的声明段中定义。

【知识点】 作用域,变量声明

32.

【答案】 B

【题目解析】 全局常量只能在标准模块的声明段中声明。

【知识点】 作用域,变量声明

33.

【答案】 C

【题目解析】 模块级变量若与同模块的过程同名,因两者作用域相同,将出现二义性,无法区分,故不能同名。其他选项:(A)局部变量和全局变量可以同名,此时优先访问作用范围小的局部变量;(B)不同模块中定义的全局变量可以同名,此时应在变量名前加模块名来区分;(D)窗体中控件名相当于模块级,与窗体模块中局部变量同名时,优先访问该作用范围小的局部变量。

【知识点】 作用域,变量重名

34.

【答案】 C

【题目解析】 当变量名相同,而作用域不同时,优先访问的是作用域最小的变量。

【知识点】 作用域,变量重名

35.

【答案】 B

【题目解析】 单精度数赋给整型变量时,向最近的偶数方向采用四舍五入法。

【知识点】 数据转换

36.

【答案】 B

【题目解析】 二进制数 00001111 对应的十进制数为 15，八进制数为 17，十六进制数为 F。十进制数 1111 赋给字节型变量 byt1，将产生溢出错误。

【知识点】 数据转换

37.

【答案】 A

【题目解析】 X 的值由赋值语句给定，且新值覆盖旧值。语句“Print X－1”意为输出表达式的值，并未改变 X 的值。

【知识点】 赋值语句

38.

【答案】 A

【题目解析】 用 Static 定义的变量 a 为静态变量，在退出过程后其值依然保存在内存中，而 b 在退出过程后其值不再保存。因此，当第三次单击命令按钮后，b 的值为 1，a 的值为 3。

【知识点】 静态变量

四、读程序题

【答案】 ① ABC；② B2

【题目解析】 程序中变量 a 和变量 i 均被定义为静态变量，其值在退出工程前一直保留，而变量 b 每次结束窗体的 Click 事件过程时，其值均被清空。函数 Asc 的功能是求给定字符的 ASCII 码，函数 Chr 的功能是求给定 ASCII 码对应的字符，因此，Chr(Asc("A") ＋ i)可以得到字母 A 后面第 i 个字母。据上面分析，连续单击三次窗体时，i 值分别为 0、1、2，a 最后保留值为三个字母 ABC，故①填 ABC；因为 b 每次单击后被清空，最后文本框 Text2 显示的为第三次单击窗体赋给 b 的值，此时 i＝2，CStr(2)的意思是将数值 2 转变为字符串“2”，故②填 B2。

【知识点】 静态变量，字符串函数

第3章 运算符与表达式

一、填空题

1.

【答案】 a * b * c/(Abs(d)+1)/y+1

【题目解析】 注意内部函数的正确使用和括号的合理应用。

【知识点】 运算符,表达式,内部函数

2.

【答案】 Sqr ((x + Log(x)) / (a + b)) + Exp(-2 * t) +Cos((c +d) / 2 / t)

【题目解析】 注意内部函数的正确使用和括号的合理应用。

【知识点】 运算符,表达式,内部函数

3.

【答案】 (a * b * b+Log(c))/(Abs(d)+1)

【题目解析】 注意内部函数的正确使用和括号的合理应用。

【知识点】 运算符,表达式,内部函数

4.

【答案】 (N Mod 10) * 10 + N \ 10

【题目解析】 N Mod 10 得到 N 的个位数,N \ 10 得到 N 的十位数。

【知识点】 运算符,表达式

5.

【答案】 X Mod 2 <>0 And X Mod 5 =0

【题目解析】 X Mod 2 <>0 表明 X 为奇数,X Mod 5 =0 表明 X 为 5 的倍数,两者需同时满足。

【知识点】 运算符,表达式

6.

【答案】 True

【题目解析】 注意表达式计算的优先级和运算符的优先级。表达式计算的优先级为:算术表达式→关系表达式→逻辑表达式。

【知识点】 Visual Basic 表达式

7.

【答案】 A=0 Xor B=0

【题目解析】 逻辑运算符 Xor(异或)的运算规则为：两者不同为真，相同为假。

【知识点】 Visual Basic 表达式

8.

【答案】 ① 2；② False

【题目解析】 ①为算术表达式，注意运算符的优先级为：^→ *或/ →\ → +或－，故原式可先转化为 2+0.75\4，计算结果为 2；②为关系表达式，没有优先级，自左向右运算：先计算 2＝2，结果为 True，再计算 True＝2，将 True 转变为－1 与 2 比较，结果为 False。

【知识点】 Visual Basic 表达式

9.

【答案】 x＞y And y＞＝z

【题目解析】 注意要写成两个关系表达式，中间再用 And 连接，不能写成 x＞y＞＝z。

【知识点】 Visual Basic 表达式

10.

【答案】 ① y＞0 And y＜－x；② y＞0 And y－x*x－1 ＜0

【题目解析】 参考图中阴影部分。

【知识点】 Visual Basic 表达式

二、选择题

1.

【答案】 D

【题目解析】 "＞"为关系运算符，连接组成的表达式为关系表达式，用来比较 X－1 是否大于 X。

【知识点】 Visual Basic 表达式

2.

【答案】 B

【题目解析】 注意内部函数的正确使用和括号的合理应用。例如：(A)中"e ^"应使用函数 Exp()，否则 e 将作为变量处理，分母上的"xy"可写为"/x/y"；另外注意，内部函数 Log(x)表示求 x 的自然对数。

【知识点】 Visual Basic 表达式

3.

【答案】 A

【题目解析】 注意内部函数的正确使用和括号的合理应用。

【知识点】 Visual Basic 表达式

4.

【答案】 C

【题目解析】 注意运算符和表达式的正确应用。

【知识点】 Visual Basic 表达式

5.

【答案】 D

【题目解析】 注意关系表达式中间使用合适的逻辑符连接。

【知识点】 Visual Basic 表达式

6.

【答案】 C

【题目解析】 (A)和(B)均为错误的 Visual Basic 表达式，据题意两个条件(0<=x 和 x<100)需同时满足。

【知识点】 逻辑表达式

7.

【答案】 C

【题目解析】 ①和②的结果为 True；③和④均自左向右运算，将结果 True 转换为-1 再进行比较，最终结果为 False；⑤求"Basic"在"Visual Basic"的位置，结果为 8。

【知识点】 Visual Basic 表达式，字符函数

8.

【答案】 B

【题目解析】 字符串比较规则：从第一个字符开始按字符排列顺序比较字符的内码(ASCII 码和国标码)，如果两者第一个字符相同，再比较第二个；若不同，这两个字符的大小即为字符串大小，不再比较剩余的字符，以此类推。根据 ASCII 码大小，(A)中"Y"<"y"，结果为 True；(B)选项左式中的"B"不等于右式中相同位置的空格，结果为 False；(C)和(D)中均因第四个字符大于空格，结果为 True。

【知识点】 关系表达式，字符串比较

9.

【答案】 B

【题目解析】 (B)选项意思为"ABC"是模板"[ABC]"中包含的任何一个字符，因为这里有三个字符，结果为 False；(A)选项先计算算术表达式的值再做比较，且整除运算前，操作数根据四舍五入原则(对于小数点后为 5 的情况向最靠近的偶数转换，如 2.5 取整后为 2，3.5 取整后为 4)取整后再运算，故原式为 Not True Or 1 < 2，结果为 True；(C)选项 Val(&HFFFF)=-1，False 转数值为 0，所以 -1 < 0，结果为 True；(D)选项函数计算结果为 Int(-5.4)=-6，Fix(-5.4)=-5，表达式值为 True。

【知识点】 关系表达式，逻辑表达式，内部函数

10.

【答案】 B

【题目解析】 原表达式可以转化为 Flase And Flase Or 7，即 Flase Or 7，也即 0 Or 7，按位操作后结果为 7。

【知识点】 关系表达式，逻辑表达式

11.

【答案】 B

【题目解析】 And 运算结果为，当两者同时为真时结果为真；Or 运算结果为，当两者中有一个为真时结果为真；Eqv 运算结果为，当两者相同(同为真或同为假)时结果为真。

【知识点】 关系表达式，逻辑表达式

12.

【答案】 D

【题目解析】 ②计算时先算 3>2,再将结果 True 转换为-1,与 1 比较,结果为 False;①与②计算类似,结果也为 False;③第一个字符“1”不大于“9”,结果为 False;④Str(2000)数值转字符的结果为,正数前面加空格,即原式为“ 2000” < "1997",结果为 True;⑤异或运算,不同为真,结果为 True;⑥字符串函数 LCase 将字母转成小写字母,UCase 将字母转成大写字母,原式转变为"abc">"ABC",结果也为 True。

【知识点】 关系表达式,逻辑表达式,字符串函数

13.

【答案】 D

【题目解析】 注意逻辑运算符的计算优先级为:Not,And,Or,Xor,Eqv,Imp。

【知识点】 逻辑运算优先级

14.

【答案】 D

【题目解析】 (D)选项运用内部函数后,原式变为"ABC" > "aBC",值为 False。

【知识点】 关系表达式,逻辑表达式,字符串函数

15.

【答案】 A

【题目解析】 在表达式中,优先级顺序为:算术运算符,比较运算符,逻辑运算符。算术运算符中先乘除,再整除(\)。

【知识点】 运算符优先级

16.

【答案】 D

【题目解析】 在表达式中,优先级顺序为:算术运算符,比较运算符,逻辑运算符。

【知识点】 运算符优先级

17.

【答案】 A

【题目解析】 在表达式中,优先级顺序为:算术运算符,比较运算符,逻辑运算符。

【知识点】 运算符优先级

18.

【答案】 C

【题目解析】 在表达式中,优先级顺序为:算术运算符,比较运算符,逻辑运算符。

【知识点】 运算符优先级

19.

【答案】 A

【题目解析】 若表示“x>y>z”关系,需用逻辑运算符“And”连接两个关系表达式。

【知识点】 逻辑表达式

20.

【答案】 A

【题目解析】 选择结构中紧接 If 后面为条件表达式(逻辑表达式或关系表达式),Then 和 Else 后面为语句,因此,这里前两个“＝”是比较运算符,后两个“＝”是赋值号。

【知识点】 If 语句,关系表达式,赋值语句

21.

【答案】 A

【题目解析】 ④中先取整,再整除,即将 5.5 \ 1.2 转换为 6 \ 1,结果为 6。

【知识点】 算术表达式,内部函数

22.

【答案】 C

【题目解析】 对于表达式 12＋"34",计算时先将"34"转为 34 再计算,结果为 46;若计算表达式 12 & "34",则应将 12 转为"12"再计算,结果为"1234"。

【知识点】 算术表达式

23.

【答案】 A

【题目解析】 注意计算时表达式和运算符的优先级。

【知识点】 逻辑表达式

24.

【答案】 B

【题目解析】 注意计算时运算符的优先级,原式 ＝ 4 ＋ 5 \ 5.25 Mod 9 ＝ 4 ＋ 1 Mod 9 ＝ 5。

【知识点】 算术表达式

25.

【答案】 C

【题目解析】 注意计算时运算符的优先级,原式可先转为 32.5 Mod 3 And Not False,进一步计算得 2 And True,即 2 And －1,最后按位计算的结果为 2。

【知识点】 逻辑表达式

26.

【答案】 B

【题目解析】 对于正数,函数 Int 取整的结果为结尾取整,分析可知,答案为 B。

【知识点】 算术表达式,内部函数

27.

【答案】 D

【题目解析】 “z ＝ x ＝ y”为赋值语句,即将“x ＝ y”的结果(False)赋给变量 z,答案为 D。

【知识点】 关系表达式,赋值语句

28.

【答案】 A

【题目解析】 (A)选项将比较表达式的结果赋值给逻辑型变量 BoolVar,语法正确。

【知识点】 逻辑型变量,赋值语句

29.

【答案】 B

【题目解析】 变量是程序运行过程中用来保存临时数据所占用的内存空间，可以被反复赋值，保存的是其最新所赋的值。一般交换变量需借助中间变量实现，(A)选项结果 x 和 y 将都为原 y 的值；(C)选项结果 x 不变，y 为原 x－y 的值；(D)选项 2x 写法不正确。

【知识点】 变量赋值

30.

【答案】 B

【题目解析】 Print 后面为由逗号或分号分隔的输出项(注：输出项为表达式则先计算再输出)，用分号分隔，表示输出项按紧凑格式输出，故答案为 B。

【知识点】 Print 方法

31.

【答案】 B

【题目解析】 同上。

【知识点】 Print 方法

32.

【答案】 A

【题目解析】 这里输出项为一表达式，先计算算术表达式 x＋y，结果为 10.8，再将字符串"x＋y＝"与其进行连接运算，最后输出。

【知识点】 Print 方法

33.

【答案】 D

【题目解析】 (A)的输出项为一关系表达式，因为 A＝0，显示结果为 False；(B)的输出项为一字符串，显示结果为“A＝ x＋y”；(C)的输出项也为一关系表达式，显示结果为 False；(D)的输出项为字符表达式，将字符串"A＝"与算术表达式的值连接，显示结果为“A＝10”。

【知识点】 Print 方法

34.

【答案】 B

【题目解析】 输出项为 a＞b＞c，按计算过程可写成 True＞c，True 转成－1，即－1＞7，窗体上将显示结果 False。

【知识点】 表达式

第4章 控制结构

一、选择题

1.

【答案】 B

【题目解析】 根据结构化程序设计的基本概念，三种基本结构为顺序结构、选择结构和循环结构。

【知识点】 结构化程序设计

2.

【答案】 D

【题目解析】 选择结构中紧接 If 后面的为条件表达式(逻辑表达式或关系表达式)，Then 后面为语句，因此，这里 i = 1 为关系表达式，j = 1 为赋值语句。

【知识点】 选择结构，表达式

3.

【答案】 C

【题目解析】 同上题道理，这里 a=1 为关系表达式，因此，其中的"="是关系运算符；a=b=2 为赋值语句，意为将关系表达式 b=2 的结果赋给 a，故前一个"="是赋值号，后一个"="是关系运算符。

【知识点】 选择结构，表达式

4.

【答案】 B

【题目解析】 直到型循环中的条件表达式为循环终止的条件，其值为 True 时退出循环，为 False 时执行循环体。

【知识点】 Do 循环，当型循环，直到型循环

5.

【答案】 C

【题目解析】 由 For k=1 To 0 可知，该循环为步长为 1 的正循环，且当循环初值 1 大于循环终值 0 时，循环体不会被执行，故 k 和 a 为初值 1 和 6。

【知识点】 For 循环

6.

【答案】 A

【题目解析】 若在文本框中输入的 n 为奇数，执行 Else 下面的语句加 2 后仍为奇数，永远不会满足结束循环的条件 n = 1000，只能一直循环下去，直至溢出；若在文本框中输入的 n 为偶数，执行 Then 后语句加 1 后也为奇数，后面的运行同上面 n 为奇数的分析。

【知识点】 For 面的循环，If 块

7.

【答案】 B

【题目解析】 对于 For…Next 语句来说，一旦进入循环，其“终值”和“步长”便不会再改变了。因此，在上面的程序段中，循环的“终值”j=10，虽然在循环体中改变了 j 的值，但是并不会影响其终值。由于循环体中有给循环变量赋值的语句“i=i+1”，实际循环次数为 5 次，结果 n=0+10+11+12+13+14=60。

【知识点】 For 循环

二、读程序题

1.

【答案】 ① y=0.5；② y=8

【题目解析】 分析程序，条件 0<=x<=1 对计算机执行来说，应该是先判断 0 <= x 得到逻辑值 True 或 False，再将该逻辑值转换成数值型－1 或 0，判断其是否小于 1，因此，当输入 x>=0 时，均有 y=x。

【知识点】 If 块，多分支选择结构

2.

【答案】 2　3　4　4

【题目解析】 本题中循环体（包括语句“Print x；”）执行三次，故程序运行后，在窗体上显示三个 x 的值和循环结束后的 s 值，且输出在一行上（Print 语句末尾的“;”表示不换行）。由于每次循环时 s 都被清零，循环结束后 s 为最后一个 x 值。

【知识点】 If 块，多分支选择结构

3.

【答案】 5

【题目解析】 Select Case 用于解决多分支问题，根据测试表达式（这里为 x）与 Case 后面的值（这里为 Is < －3，－3 To 3，及 Is > 3）比较是否匹配，决定执行哪一个分支，这里 x = 2 显然与第二个分支匹配，故执行 Print x * x + 1，窗体上显示结果为 5。

【知识点】 Select Case 语句，多分支选择结构

4.

【答案】 ① s=1；② s=9

【题目解析】 Select Case 解决多分支问题时，根据测试表达式（这里为 x Mod 3）与 Case 后面的值比较是否匹配，决定执行哪一个分支，“Val(InputBox("x="))”的意思为将输入对话框的内容转变为数值，单击窗体四次，弹出四次输入对话框。第一次输入 6，6 Mod 3=0，执行 s = s * x，输出 s=0；第二次输入 7，7 Mod 3=1，执行 s = s－x，输出 s=－7；第三次输入 8，8 Mod 3=2，执行 s = s + x，输出 s=1；第四次输入 9，9 Mod 3=0，执行 s = s * x，输出 s=9。注意本题中，s 为静态变量，初值为 0。

【知识点】 Select Case 语句,多分支选择结构

5.

【答案】 25

【题目解析】 第一次循环后,x＝4,第二次循环后,x＝25＞20,退出循环后输出结果为25。

【知识点】 Do 循环

6.

【答案】 ① 21；② 0

【题目解析】 Do 循环一共循环 7 次,因为循环体外 a1、a2 和 i 都没赋初值,默认均为零。循环中 a1 和 a2 赋值语句对应的 i 依次从 0 到 6 变化,i＝7 时退出循环,故显示的第一行内容为 0～6 的累加值 a1,即 21；第二行内容因为 i 初值为零,累乘的结果始终为零。

【知识点】 Do 循环

7.

【答案】 2　3　5

【题目解析】 注意：Print 语句结尾处为逗号或分号时,后面的 print 语句输出的内容不换行,否则换行输出。该程序运行时,执行的第一条输出语句为“Print n1; n2”,在窗体上输出的第一行为“1　1”；Do 循环中的“Print n3;”因结尾有分号,循环执行该语句时,输出的 n3 值排列成一行,因此最终结果窗体上显示的第二行为循环打印的 n3 值,数据个数与循环次数相同。分析 Do 循环体,实际求的是 Fibonacci 数列,n3 为得到的 Fibonacci 数列第三项开始的数,n3≥5 时退出循环。故此处填 2　3　5。

【知识点】 Do 循环

8.

【答案】 1　3　5

【题目解析】 注意变量 num 为整型变量,对于循环中语句“num＝num＋2.4”,右边表达式的值将自动取整后赋给 num,故该语句相当于“num＝num＋2”；另外“Print num;”结尾有分号,输出值排成一行。

【知识点】 Do 循环

9.

【答案】 8

【题目解析】 程序执行过程中,int2 值的变化依次为 0→2→8,int1 值的变化依次为 2→6→42,当 int1＝42 时不满足循环条件“int1 ＜ 20”,退出循环,此时 int2＝8。

【知识点】 Do 循环

10.

【答案】 ① 4　13；② 6　31

【题目解析】 分析可知,Do 循环中,p 为递减 2 求出的相邻的奇数(初值为由“p＝n＊(n＋1)－1”求出的最大奇数),x 为累加器(将求出的奇数 p 累加起来),k 为累加的奇数个数。当累加值 x 与立方值 num 相等时,退出循环。输出的结果为累加的奇数个数 k 和最小的奇数 p。当输入 4 时,$4^3＝19＋17＋15＋13$,输出“4　13”；当输入 6 时,$6^3＝41＋39＋37＋35＋33＋31$,输出“6　31”。

【知识点】 Do 循环

11.

【答案】 ABCDE12345abcde

【题目解析】 s1、s2 和 s3 均为字符型变量，运算符“&”和“+”在字符表达式中均为连接运算，For 语句循环 4 次，s1、s2 和 s3 均在初值的基础上连接了 4 个字符，65 和 97 分别为字母 A 和 a 的 ASCII 码，Chr 函数将 ASCII 码转变为对应的字符，CStr(i + 1)将 i + 1 的值转成字符串，退出循环时有 s1= “ABCDE”，s2=“12345”，s3=“abcde”，故窗体上显示的内容是 ABCDE12345abcde。

【知识点】 For 循环，字符串函数

12.

【答案】 200　10

【题目解析】 这里循环变量 I 为整型变量，当循环初值、终值和步长与其类型不同时要做相应的类型转换，故原循环相当于“For I = 0 To 8 Step 2”。据此计算，显示在窗体上的内容是“200　10”。

【知识点】 For 循环

13.

【答案】 ① 5；② 15

【题目解析】 程序内循环中的 Print 语句结尾有“；”号，表示按紧凑格式输出后不换行；内循环结束时的 Print 语句结尾没有分号或逗号，实现结束当前行的输出并换行的目的。因此，这里外循环控制输出的行数，内循环控制每行输出“ * ”号的个数，故程序运行后窗体上共显示 5 行，每行显示的“ * ”号个数分别为 5、4、3、2、1，共 15 个。

【知识点】 For 循环，循环嵌套

14.

【答案】 55555

【题目解析】 Print Space(5 − i)语句输出 5−i 个空格，结尾的分号表示不换行，以紧凑形式输出下一个输出项；内循环控制输出 i 个数字 i，内循环外的 Print 语句结尾没有符号，起到换行的作用。因此，本程序由外循环控制共输出 5 行，每行由 5−i 个空格和 i 个数字 i 组成，即第一行“　　1”，第二行“　22”，以此类推，最后一行数据为“55555”。Trim(Str(i))的意思是将数值型 i 转变为字符型后再去掉前后的空格。

【知识点】 字符串函数，嵌套循环

15.

【答案】 ① 120；② 12

【题目解析】 程序中 P 为计数器，结果为 i、j 和 k 循环次数的乘积。循环次数 = Int ((e2−e1)/e3)+1 (e1 为初值，e2 为终值，e3 为步长，计算结果小于 0 时不循环)，计算得出 i、j 和 k 循环次数分别为 4、5、6，故程序运行后，P 的值为 120；i 的值为 12(大于 10 退出循环)。

【知识点】 For 循环，循环嵌套

16.

【答案】 14

【题目解析】 程序中 a 为计数器，其结果为循环的总次数，i=1、2 和 3 时，分别循环 3 次、5 次和 6 次，总次数为 14。

【知识点】 For 循环，循环嵌套

17.

【答案】 ① 6；② 0

【题目解析】 字符串函数 InStr(k, a, "n")表示在字符串 a 中从第 k 个字符开始搜索字符“n”第一次出现的位置，其结果等于 0 时，表示没有搜索到“n”。Do 循环中的 If 语句计数得到字符串 a 中字符“n”的个数，循环一直进行到找不到“n”为止。输出的第一行为整型变量 sum 的值(即字符“n”的个数)，文本框内可见 6 个；输出的第二行为整型变量 n 的值，根据退出循环的条件可知，这时 n=0。

【知识点】 Do 循环，字符串函数

三、完善程序题

1.

【答案】 ① f；② 1/f

【题目解析】 循环体中的变量 f 应能在循环中依次得到需要累加的一个数列项或其一部分，①处填 f 表示在前一个值的基础上通过迭代得到下一个数列项或其一部分，这里 f 值实际为 i! 值；②处填 1/f 可以得到 i! 的倒数，将其在循环中依次与 s 累加可以得到最终的计算结果。

【知识点】 For 循环，级数的计算

2.

【答案】 ① Is >5；② sqr(A * A－A * B)；③ 1 To 5

【题目解析】 Case 语句后面表达式的形式可以是具体表达式的值、“To”连接两个值表示的闭区间、“Is”关键字和比较运算符表示的开区间，或者是以逗号分隔的上面三种的组合形式。显然在这里，①填 Is >5；②填 sqr(A * A－A * B)；③填 1 To 5。

【知识点】 Select Case 语句

3.

【答案】 ① 0, 10；② 11 To 15；③ Is < 20

【题目解析】 Case 语句后面表达式的形式可以是具体表达式的值、“To”连接两个值表示的闭区间、“Is”关键字和比较运算符表示的开区间，或者是以逗号分隔的上面三种的组合形式。因此，①填 0, 10；②填 11 To 15；③填 Is < 20，注意这里是在不满足上面 Case 条件情况下做的判断，故这时测试表达式“int1 + int2”的值必大于 15，或为负值。

【知识点】 Select Case 语句

4.

【答案】 ① x；② b *(2 * n－3)/(2 * n－2)；③ Abs(t)>=0.000001

【题目解析】 先分析 Do 循环体，其中变量 y 作为累加器存放计算结果，变量 t 存放数列项的值，其值由 a 和 b 的乘积构成，由程序中赋值语句知 a 等于数列项的后半部分，因此 b 应为数列项的前半部分，且前半部分应由其前一项乘以(2 * n－3)/(2 * n－2)递推求得，故②填 b *(2 * n－3)/(2 * n－2)；根据循环执行的条件，③填 Abs(t)>=0.000001；Do 循环中求出的第一个t等于$\frac{1}{2}\cdot\frac{x^3}{3}$,为原级数的第二项,故①处填 y 的初值,即原级数的第一项 x。

【知识点】 Do 循环,级数

5.

【答案】 ① (2 * n－2); ② n＝n＋1 ; ③ y

【题目解析】 分析程序可知,变量 t 存放通项值,变量 y 作为累加器存放计算结果。对比题目给出的通项表达式,①填 (2 * n－2)可以迭代得到通项的前半部分分式; ②填 n＝n＋1 完成 n 的递增; ③填 y,循环结束后,在文本框中输出函数计算结果值。

【知识点】 Do 循环,级数

6.

【答案】 ① n; ② y＋1/k

【题目解析】 根据题目中给出的计算式分析程序,可以知道外循环循环 10 次,每次循环依次求出一个数列项的值加入累加器 y; 内循环循环 2 次,通过循环累乘得到数列第 n 项的分母部分 k。k 的初值在内循环外设定,其值与外循环变量 n(即所求数列项)一致,故①填 n; ②填 y＋1/k,通过累加得到数列和的计算结果。

【知识点】 For 循环,级数

7.

【答案】 ① Else; ② n Mod i ＝ 0; ③ Exit For; ④ i<＝n－1

【题目解析】 根据多分支 IF 块的结构可知,①处应填 Else; 根据质数的定义,不能被 1 和自身以外的任何数整除的数为质数(即若能被某数整除的数不是质数),故②填 n Mod i ＝ 0; 满足 n Mod i ＝ 0 条件的不是质数,这时无须再整除其他数,直接跳出 For 循环,故③填 Exit For; ④处应该填入“n 不是质数”的判断依据,由于不是质数将直接跳出 For 循环,而非正常退出循环时循环变量值必然小于或等于循环终值,故④填 i<＝n－1。

【知识点】 IF 块,多分支 IF 块,IF 嵌套结构,质数的判断

8.

【答案】 ① cmdPrime_Click( ); ② 2; ③ blnPrime＝True; ④ 500

【题目解析】 ①填判断按钮对象 cmdPrime 的 Click 事件过程,即 cmdPrime_Click( ); ②填 For 循环的初值,因为要在 i 循环中检验 n 是否是素数(即能否被 2～$\sqrt{n}$之间的整数整除),故填 2; ③处结合下面的 If 块,填 blnPrime＝True,表示 n Mod i ＝ 0 时不是素数; ④填 500,表示在文本框 Text1 中输出以 500 为区间下限的随机数。这里函数 CInt 表示四舍五入取整(其中 0.5 要向最近的偶数靠),函数 Rnd 表示生成 0～1 之间均匀分布的随机数。

【知识点】 素数的判断,For 循环,If 块

9.

【答案】 ① n; ② 10 < m And m < 100; ③ m \ 100

【题目解析】 For 循环共循环 30 次,依次判断 1～30 之间的每一个数 n 的平方是否是降序数。循环体内变量 m 存放 n 的平方数,故①填 n; 主要的判断程序由 If 块的嵌套结构组成,外层的多分支 If 语句分别对 m 为个位数的情况、两位数的情况和三位数的情况进行处理,因此,②处应填判断“m 为两位数”的条件,即 10 < m And m < 100; ③填 m \ 100,

构成条件表达式，判断 m 的个位数是否小于 m 的十位数，并且 m 的十位数小于 m 的百位数。函数 Mod 表示求余运算，用“m Mod 10”求得 m 的个位数，“m \ 10 Mod 10” 求得 m 的十位数，“m \ 100” 求得 m 的百位数。

【知识点】 If 块，If 嵌套结构，Mod 函数

10.

【答案】 ① (i\10) Mod 10；② i；③ n

【题目解析】 根据题意，“水仙花数”为三位正整数，因此程序应循环判断 100～999 之间的所有数。循环体中，变量 a、b 和 c 用来存放某个三位数 i 的百位数、十位数和个位数，①填 “(i\10) Mod 10”求出 i 的十位数；②填 i，判断该三位数 i 是否满足“水仙花数”的定义；n 用做计数器，存放水仙花数的个数，循环结束后在文本框 Text1 中输出统计结果，故③填 n。

【知识点】 If 块，For 循环，Mod 函数

11.

【答案】 ① 1　To　8；② str1＝str1 & "1"

【题目解析】 程序先将文本框输入的十进制数通过 CByte 函数转变为字节型数据（如十进制数 100，字节型在内存的存储形式为 01100100），再在 For 循环中将这 8 位二进制数的每一位从前向后一个个分离出来，连接到字符型变量 str1 中，最后在循环结束后，将结果输出到文本框 Text2 里。程序通过将字节型数据与 10000000（即 2 ^7），01000000（即 2 ^6）……进行“逻辑与”操作的方法，分离出相应位置上的二进制位（0 或 1）。因此，①填“1 To 8”；②处对比下面的语句“str1 ＝ str1 & "0"”，类似地填上 str1＝str1 & "1"。

【知识点】 If 块，For 循环，十进制数转二进制数

12.

【答案】 ① Private|Dim n As Integer；② Exit Sub；③ n Mod i ＝ 0；④ Exit For；⑤ Int(Rnd * 900)＋100

【题目解析】 根据题意，单击按钮 cmdProduce 将在文本框 Text1 中产生一个[100，1000)之间的随机正整数，故⑤填 Int(Rnd * 900)＋100；考虑到 n 未定义，且在程序中需要由 cmdProduce_Click 过程传递到 cmdDecide_Click 过程，因此应将其定义为模块级变量，①填 Private n As Integer 或 Dim n As Integer；如果文本框 text1 的内容为空，给出提示信息后应能再单击按钮 cmdProduce 产生随机数，故②填 Exit Sub，退出当前过程；③根据下面语句可知应填入判断 n 不是素数的条件，即 n Mod i ＝ 0；④当 n 能被某个数 i 整除时，n 就不是素数，无须再循环判断，故填 Exit For 退出循环。

【知识点】 控制结构，素数的判断

13.

【答案】 ① Or；② Exit Sub；③ m Mod n；④ r ＜＞ 0

【题目解析】 根据题意，如果没有给出两个数（即两个文本框中有一个为空或都为空），程序给出一个提示消息框后应能退出当前过程，重新单击按钮计算，故①填 Or，②填 Exit Sub。辗转相除求最大公约数算法为：第一步，m 除以 n 得余数 r；第二步，若 r=0 则算法结束，n 为最大公约数，否则将 n 赋给 m，r 赋给 n，转第一步。据此，③填 m Mod n；④填 r ＜＞ 0。

【知识点】 最大公约数，控制结构

第5章 过程

一、判断题

1.

【答案】 对

【题目解析】 可以采用上述两种方法,但要注意:采用Call语句调用时,实参要用括号括起来;而用过程名直接调用时,实参不能用括号括起来。

【知识点】 过程调用

2.

【答案】 对

【题目解析】 通用过程与事件过程不同,不能由系统在某一事件发生时自动调用,其必须在其他过程(事件或通用过程)中显式地调用,否则不会被执行。

【知识点】 过程调用

二、填空题

1.

【答案】 ① 按值传递;② 按地址传递

【题目解析】 实现调用过程和被调用过程之间的数据传递有两种传递方式,即按值传递(定义过程时,形参前加关键字 ByVal)和按地址传递(定义过程时,形参前加关键字 ByRef 或没有关键字),按地址传递数据是 Visual Basic 所默认的传递方式。

【知识点】 过程,数据传递

2.

【答案】 按地址

【题目解析】 在定义过程时,若形参前有关键字"ByRef"或没有关键字,均表明该参数为按地址传递参数。

【知识点】 过程,数据传递

3.

【答案】 地址

【题目解析】 数组作形参时,参数的传递均按地址传递,且要求数据类型一致。

【知识点】 过程,数据传递

三、选择题

1.

【答案】 D

【题目解析】 Exit 与 Do、Sub 和 Function 组合分别表示跳出 Do 循环、Sub 过程和 Function 过程，但不能与 If 组合。

【知识点】 Exit 关键词

2.

【答案】 B

【题目解析】 放在标准模块中的用 Public 关键字定义的全局通用过程，可以被多个窗体及其对象调用。

【知识点】 全局过程

3.

【答案】 D

【题目解析】 function 过程可以通过函数名将返回值带回调用过程，并可以直接参加运算。因此，定义 function 过程时，函数名需要声明数据类型。Sub 过程不能通过过程名将返回值带回，过程名也不能定义类型，若需要将 Sub 过程中的计算结果带回，可以增设形参，通过形参与实参的结合将结果返回。

【知识点】 Sub 过程，Function 过程

4.

【答案】 C

【题目解析】 调用 Function 过程可以像调用 Sub 过程一样使用 Call 语句或直接使用过程名调用，还可以写在表达式中直接调用并参加运算，根据需要可以有或没有形式参数。

【知识点】 Function 过程

5.

【答案】 B

【题目解析】 过程是由过程定义语句开始的独立的程序段，其定义不能嵌套，但过程的调用可以嵌套。

【知识点】 过程定义

6.

【答案】 C

【题目解析】 事件过程形式参数的个数、数据类型由系统预先定义，用户不能修改，但可以在程序中引用这些参数的值。

【知识点】 事件过程

7.

【答案】 B

【题目解析】 事件过程一般由事件驱动，但也可以在程序中用 Call 语句调用。

【知识点】 事件过程，工程

8.

【答案】 B

【题目解析】 按地址传递时，形参通过共用实参内存的同一地址，即共享同一个存储单元获得数据，如果实参是一个常量或表达式，则无法共享，这时只能是按值传递，故(B)正确。另外，Visual Basic 默认的传递方式为地址传递，故(A)错；如果 Sub 或 Function 过程定义时在某个形参前加上关键字“Optional”，则该参数被定义为“可选参数”，在调用此过程时可以不提供该参数相应的调用值，这时实参的个数可能少于形参个数，故(C)错；数组的单个元素可以作实参与简单变量的形参结合，故(D)也是错误的。

【知识点】 参数传递

9.

【答案】 D

【题目解析】 按值传递时，传递给形参的是调用时实参表达式的值，即传递的只是实参变量的副本。因此，形参的数据类型与实参的数据类型可以不一致。两者不一致时，由系统自动将实参的数据类型转换为形参的数据类型，对于无法转换的情况，出现“类型不匹配”错误。但按地址传递时，形参的数据类型必须与实参的数据类型一致。

【知识点】 按值传递，按地址传递

10.

【答案】 D

【题目解析】 静态变量为过程级变量，只在声明的过程中有效，不能传递给别的过程；模块级变量可以在该模块的所有过程之间传递；全局变量可以在程序中所有过程之间传递数据。

【知识点】 过程间数据传递

11.

【答案】 C

【题目解析】 按地址传递时，与形参结合的实参变量的类型应与该形参类型一致；按值传递时，传递给形参的是调用时实参表达式的值，形参的数据类型与实参的数据类型可以不一致。题目中定义的 x 按地址传递，y 按值传递，因此，这里重点要考察的是与按地址传递变量 x 结合的参数的类型。①中与 x 结合的为表达式“(w)”的值，正确；③中与 x 结合的为常量 4，正确；④中与 x 结合的为逻辑常量 False，调用时实际是将值转换为整型 0 传递给 x，正确；而②中调用时，与 x 结合的 w 为单精度型变量，类型不一致，无法共享存储单元，故错误。

【知识点】 按地址传递，按值传递

12.

【答案】 D

【题目解析】 (A)选项中，将 3 和 8 分别传递给形参 x 和 y，函数调用的结果直接参加表达式的运算，为常规用法，正确；(B)和(C)选项，采用类似 Sub 过程的调用方法，函数调用的结果不能直接参加运算，需在后面需要的地方引用，这种调用方法虽不常用，但语法上也没错(注意，这里的实参 a 和 b 应与 x 和 y 一样定义为整型，否则会出现类型不一致的错误)；(D)中将调用语句写在表达式左边，将 5 赋给函数，用法不正确。

【知识点】 函数调用

四、读程序题

1.

【答案】 ① a＝10，b＝20；② a＝10，b＝10

【题目解析】 Change过程的作用是交换形参x和y的值，但注意这里形参y定义时前面有ByVal关键字，表明y按值传递，其值不会改变与其结合的实参的值；x默认按地址传递，其值的改变将改变与其结合的实参的值。单击窗体时窗体上显示内容的第一行是a和b的初值，①填a＝10，b＝20；第二行是用“Change b，a”调用后的a和b值，这里按实参顺序，b和x结合，a和y结合，交换后x＝10，y＝20，但y值不影响a值，故有a＝10，x值按地址传递给b，故b＝10，② 填a＝10，b＝10。

【知识点】 函数调用，参数传递

2.

【答案】 m＝8　n＝0　z＝3

【题目解析】 注意分析pt过程的定义语句，其中的形参x、y和z均默认按地址传递，即过程中形参的变化会影响调用程序中实参的值。形参y在过程中被赋值，故Form_Click过程中与其结合的j值将随之发生变化；另外pt过程中m为静态变量，每次调用后其值仍然保留；n为过程级变量，且在pt过程中未赋过值，故其值始终为0。Form_Click过程共调用pt过程三次，每次调用输出一行结果。因此，单击窗体后在窗体上共显示三行，第一行：m＝3 n＝0 z＝1；第二行：m＝5 n＝0 z＝2；第三行：m＝8 n＝0 z＝3。

【知识点】 过程调用，参数传递

3.

【答案】 2　6

【题目解析】 本题考查静态过程的概念。Inc过程定义时采用了Static关键字，说明该过程中定义的所有变量均为静态变量，即整型变量x的值在整个程序结束前会一直保留在内存中。因此，第一次调用时x＝ x＋a＝ 0＋2＝2，第二次调用时x＝ x＋a＝2＋4＝6，由于Print后面分号的作用，两次调用的输出结果以紧凑形式输出在同一行。

【知识点】 静态过程，过程调用

4.

【答案】 ①2　4　6；②4　2　6

【题目解析】 分析Swap函数过程的作用，可以知道调用该过程的结果是将作为形参的x变量和y变量的值进行交换，函数名返回值为x与y的和。Swap函数过程定义语句中的形参前面加ByVal关键字表示该形参按值传递，即调用时传递给形参的是与之相结合的实参表达式的值。在该过程中改变形参的值，不会影响其父过程在调用该子过程时使用的实参变量值。即本程序Swap过程中的x和y交换后不会影响调用处的i和j，故单击窗体，显示的内容为“2　4　6”；若将A语句中的两个ByVal关键字删除后，默认为按地址传递参数，即形参和实参共用内存的同一地址传递数据。该情况下，Swap过程中的x和y交换，也即调用处的i和j交换，单击窗体显示的内容为“4　2　6”。

【知识点】 参数传递

5.

【答案】 ① x=2,y=4; ② x=3,y=7

【题目解析】 本程序共有 4 个过程,x 为模块级变量,加载窗体(Form_Load 过程)时赋初值 x=2,即 Form_Click 中 x 初值也为 2,调用 f 过程时用实参 x 与按值传递的形参 x 结合,得形参 x=4(不影响实参 x),f=4(返回赋给 y),输出的第一行为"x=2,y=4"; 调用 g 过程时用实参 x=2,y=4 分别与按地址传递的形参 x 和 y 结合,实参值将随形参的变化而变化,调用后输出的第二行为"x=3,y=7"。

【知识点】 函数调用,参数传递

6.

【答案】 24

【题目解析】 分析 fun 函数过程的作用,可以知道其中的 Do 循环将作为形参输入的长整型数字 num 从个位开始,依次取出累乘到 k 中,最后通过函数名返回 k 的计算结果。故输入 234,有 k=4×3×2=24,即输出结果为 24(注: 程序中"num Mod 10"表示取 num 的个位数,"num = num \ 10"表示去除 num 的个位数后再赋给 num,A 语句表示从输入框中输入一个数转换成长整型后赋给变量 n)。

【知识点】 函数调用,参数传递

7.

【答案】 ① 1.5; ② 4.5

【题目解析】 分析 fun1 函数过程,y 为静态变量(即 y 变量的值在退出函数时依然保留在内存中),形参 x 按地址传递(但在该函数过程中未被赋值,不会影响与其结合的实参 x 的值)。循环中三次调用 fun1 函数时的 x 值分别是 1、2 和 6,fun1 函数中 y 的相应值是 1、3 和 9,函数返回值为 y/2,因此,运行程序后第一行显示的是 0.5,第二行是 1.5,第三行是 4.5。

【知识点】 参数传递,静态变量

8.

【答案】 5 26

【题目解析】 分析 func1 函数过程,其形参 x 和 y 按地址传递,形参 x 的变化将影响实参 x 的值(形参 y 在该函数过程中未被赋值,不会影响与其结合的实参 y 的值)。注意两个过程中的 n 均为过程级变量,只在本过程有效,互不影响。每次调用 func1 函数过程时,过程中的 n 都为默认的初值零,然后在循环中逐一增加,超过 4 时退出循环,故 Do 循环一共执行 5 次,而 y 一直等于传入值 1,x 在原来的基础上加 5 个 y,即加 5 后赋给函数名返回,故每次调用 func1,返回值加 5。据此分析,单击按钮后,窗体上显示的六行数据分别为: 1 6; 2 11; 3 16; 4 21; 5 26; 5 31。

【知识点】 函数调用,循环结构

9.

【答案】 ① i=1 j=2; ② i=1 j=5

【题目解析】 分析 Sub 过程 pt,形参 x 按值传递,y 按地址传递,y 值的变化会影响调用处与之结合的 j 值。单击窗体后第一行显示的为主程序中 i 和 j 的初值,第二行为调用 pt 过程时,Print 语句输出的 x、y 和 n 值,第三行为调用 pt 过程后主程序中的 Print 语句输出的 i 和 j 值，这里的 j 等于 pt 过程中的 y 值 5。

【知识点】 过程调用，参数传递

10.

【答案】 ① 5.0； ② 5.5

【题目解析】 分析 f 函数过程，其中反复调用 f 函数，故为递归调用的应用。形参 x 和 y 按地址传递，但与之结合的实参均为表达式，故实为按值传递。分析中将实参直接代入有 f(4,6)=f(f(6,5),f(5,4))=f(5.5,4.5)=5.0；同理，f(3,8)= f(f(5,7),f(4,6))，其中由前面计算知 f(4,6)=5，而 f(5,7)= f(f(7,6),f(6,5))=f(6.5,5.5)=6，则 f(3,8)=f(f(5,7),f(4,6))=f(6,5)=5.5。

【知识点】 递归调用

11.

【答案】 ① 4　9　13；② 19.5

【题目解析】 分析 fun 函数程序，过程中的形参 x 按地址传递，x 值的变化将传递给调用时的实参 c。另外注意 a 和 b 在模块通用声明段声明，故均为模块级变量，可以在不同的过程中传递数据。单击按钮后由 A 语句输出的第一行是 6.5，由 B 语句输出的第二行是 4　9　13；由 C 语句输出的第三行是 19.5。

【知识点】 过程调用，模块间数据传递

12.

【答案】 ① 24；② 0

【题目解析】 Fun 函数的功能是将输入的长整型数 num 的每一位从个位开始依次分离后相乘，num≠0 时，循环条件表达式为真，执行循环。在输入框中输入“234”时，调用 Fun 函数输出三个数的乘积 24；在输入框中输入“1250”时，调用 Fun 函数输出四个数的乘积 0。

【知识点】 过程调用，Do 循环

13.

【答案】 s=36

【题目解析】 分析函数过程 P，形参 N 按地址传递，即 N 值的变化将传递给调用处的实参变量 I，Sum 为静态变量，每次调用时均保留了上次调用的结果。另外，注意每次调用 P 过程，其形参 N 均作为循环变量被重新赋初值 1，因此无论用什么数调用函数过程 P，均不影响最后的调用结果。最终的运行结果为：s=P(I)+P(I+1)+P(I+2)=6+12+18=36。

【知识点】 过程调用，参数传递

14.

【答案】 ① Sum=24；② Sum=33

【题目解析】 分析程序可知，fact 过程的作用是求 N!，而在 Form_Click 过程的 For 循环中反复调用 fact 过程，意欲求 4!+3!+2!+1!。但需注意的是，fact 过程中形参 N 按地址传递，N 的值在 Do 循环中被多次赋值，函数返回时有 N=0。根据按地址传递的规则，这时与其结合的实参变量 I 也为 0。因此，单击窗体后，当 I = 4 调用 fact 过程后，返回 I=0，小于循环终值 1，退出 For 循环，即 Form_Click 过程只求出 4! 就结束了循环，结果 Sum=24；

修改后，用 fact ((I))调用，(I)为表达式，按值传递，过程中的 N 值不影响调用处的 I 值，I 循环 4 次后，有 Sum＝4!＋3!＋2!＋1!＝33。

【知识点】 参数传递

15.

【答案】 ① a＝10，b＝20；② a＝10，b＝10

【题目解析】 单击窗体时，第一行显示的是 a 和 b 的初始值，即 a＝10，b＝20；第二行显示的是两次调用 Change 过程后 a 和 b 的值。分析 Change 过程，其作用是交换 x 和 y 的值，并注意这里 y 是按值传递的，与 y 结合的实参值在调用后不会发生变化，故第一次调用 Change 过程时 a 与 y 结合，调用后 a 值不变，有 a＝10，b＝10，第二次调用 Change 过程时 b 与 y 结合，调用后 a＝10，b＝10。

【知识点】 参数传递

16.

【答案】 ① 4；② 8；③ 16

【题目解析】 分析递归函数 Fun 过程，其中 If 块的作用为当条件表达式"N/2＝Int(N/2)"的值为 True(即 N 为偶数)时，将 N 折半后再调用 Fun 函数，否则(即 N 为奇数)退出函数过程。返回值 Fun 当 N＝1 时为 True，否则为 False，而返回值 Fun＝True 时，说明反复折半(N/2)的结果除了最后一次为 1 外，其余一直是偶数，即调用时与 N 结合的实参为 2 的整数倍时返回值 Fun＝True。Command1 的单击事件中，初值 N＝2，Do 循环中，N 以步长 2 递增，M 计数 N 递增过程中，Fun(N)为真的次数，M 等于 3(即输出 3 个 Fun(N)为真的 N)后，结束循环退出过程。因此，单击命令按钮 Command1 后，显示在窗体上三行的内容为满足 Fun(N)为真的三个 N 值，即 4、8 和 16。

【知识点】 递归调用

17.

【答案】 ① 0　1　3；② 3　8

【题目解析】 分析本程序要注意两点：第一，y 是按地址传递的，调用结束后，y 值的变化将引起与其结合的 m 值的变化；第二，x 为以 Static 定义的静态变量，其值在退出窗体前一直保留，注意其对第二次调用的影响。Sub1 过程第一次调用时(实参 m＝1)，y＝1，x＝0，Do 循环中，x 和 y 的值依次为 1 和 2、3 和 3，窗体上输出的第一行内容为三个 x 值(即"0　1　3")；第一次调用返回时 y＝3，即 Command1_Click 过程中的 m＝3(按地址传递)，执行 Next 语句加步长后 m＝5，故 Sub1 过程第二次调用时(实参 m＝5)，y＝5，x＝3(静态变量保留原值)，循环中，x 和 y 的值为 8 和 6，退出循环，窗体上输出的第二行内容为两个 x 值(即"3　8")。

【知识点】 静态变量，参数传递

18.

【答案】 ① 1　4；② 2　8；③ 3　12

【题目解析】 func1 过程中，x 和 y 均为按地址传递的形参，过程中值的变化会传递给调用处的实参；n 为过程级动态变量，每次调用从 0 开始，Do 循环中 n 的变化范围为 0～3，循环 4 次，因此，x 累加了 4 次 y 值，退出循环后，x 值由函数名 func1 返回赋给 z 显示在窗体上；三次调用依次返回 4、8 和 12。

【知识点】 过程调用，参数传递

19.

【答案】 ① 10　10　24；② 22　58　58；③ 22　58　24

【题目解析】 本题需要注意的是，MySub 过程中三个形参均按地址传递，即三个形参分别通过与之结合的实参共享存储单元获得数据，且第一次调用子过程返回的数值将作为第二次调用时的实参。单击窗体后，第一次用 MySub(x, x, z)调用，意味着 MySub 过程中的形参 x 和 y 均与实参 x 共享存储单元，过程中的 x=y；同理，第二次用 MySub (x, y, y)调用，意味着形参 y 和 z 均与实参 z 共享存储单元，过程中的 y=z。分析结果：窗体上显示的第一行内容是第一次调用 MySub 输出的结果，此时 i=1+3+0=4，x=y=2×3+4=10，z=10+10+4=24；窗体上显示的第二行内容是第二次调用 MySub 输出的结果，此时静态变量 i=10+2+4=16，x= 3×2+16=22，y= 2×2+16=20，z=22+20+16=58，注意最后因为形参 y 和 z 共用存储单元，故有 y=z=58；第三行内容为两次调用返回后输出的结果，此时，x=22，y=58，z=24。

【知识点】 参数传递，按地址传递

20.

【答案】 ① 4　4　8；② 3　5　5

【题目解析】 与 17 题类似，subone 过程中三个形参均按地址传递，通过与实参共享存储单元获得数据，第一次用 subone(x, x, y)调用，意味着形参 a 和 b 均与 x 共享存储单元，在过程中 a=b，而 c 与 y 共享存储单元；同理，第二次用 subone(y, z, z)调用，意味着形参 b 和 c 均与 z 共享存储单元，在过程中 b=c，而 a 与 y 共享存储单元。分析结果：第一次调用，形参 a=3×1=3，形参 b=2×2=4，因为 a 和 b 共享存储单元，此时有 a=b=4，形参 c=4+4=8；第二次调用，形参 a=3×1=3，形参 b=2×1=2，形参 c=3+2=5，因为形参 b 和 c 共享存储单元，此时有 b=c=5。

【知识点】 参数传递，按地址传递

21.

【答案】 ① 47；② 11

【题目解析】 本题 Test 过程中形参 x 按值传递。单击窗体后，语句执行顺序为 test 2→x=2×2+1=5→test 5→x=5×5+1=11→test 11→x=11×11+1=23，这时 x >= 12，逐级返回，并依次执行 End If 后面的语句 x = x * 2 + 1，输出结果。因为 x 按值传递，上述语句右边表达式中的 x 值为调用时的 x 值，依次为 23、11 和 5，故窗体上显示的第一行是 47，第二行是 23，第三行是 11。

【知识点】 递归调用，参数传递

22.

【答案】 ① 8；② 128

【题目解析】 本题 Test 过程中反复调用自身，故为递归调用程序。另外注意 x 在模块通用声明段定义，为模块级变量，其值在模块的各个过程中都有效，可以起到在不同过程中传递数据的作用。单击窗体后，x=-1，之后调用 Test 过程，在 Test 过程中，x 依次变化为 0、1、2、3，均因为 x < 4 而反复调用 Test，直到 x=4 后方才结束调用，逐级返回，反复执行“x = 2 * x”和“Print x”语句，此时 x 依次变化为 8、16、32、64、128，因此窗体上显示内容的第一行是 8，最后一行是 128。

【知识点】 递归调用,参数传递

23.

【答案】 1 2 1 2

【题目解析】 单击命令按钮,用 50 调用 dgbin 过程,即形参 a=50,计算得 b=50\3=16;因为 b<>0,用 b 即 16 第 2 次调用 dgbin 过程,此时形参 a=16,计算得 b=16\3=5;因为 b<>0,用 5 第 3 次调用 dgbin 过程,此时形参 a=5,计算得 b=5\3=1;同样因为 b<>0,用 1 第 4 次调用 dgbin 过程,此时形参 a=1,计算得 b=1\3=0,递归调用结束,输出 1 Mod 3 的计算结果 1,并逐级返回紧凑形式输出 5 Mod 3、16 Mod 3 和 50 Mod 3 的计算结果。

【知识点】 递归调用

24.

【答案】 20

【题目解析】 分析程序,当 x=1 时,myfun=2;x>1 时,myfun 等于其前一项加 2,即 x 由 1 到 10 逐一变化时,myfun 的值分别为 2、4、6、8、10、12、14、16、18、20。故当以参数 10 调用 myfun 函数时,相当于加了 10 个 2,最终的输出结果为 20。

【知识点】 递归调用

25.

【答案】 ① 1(2)=00000001;② 15(2)=00001111

【题目解析】 分析 conv 过程可知,其作用是将十进制数转变成 r 进制数。算法是对输入的 d 做“除 r 取余”的操作,余数依次存入数组 b,除 r 后的整数部分存入 d,重复上面的操作,直到 d = 0 为止,最后将数组 b(即各余数)和 i(即余数的个数)返回调用程序。Form_click 过程的 For 循环中用 1～15 和 r = 2 去调用 conv 过程,可以求出十进制数 1～15 对应的二进制数。输出格式:先输出提示信息 CStr(x);"(";CStr(r);")="(函数 CStr 的作用是将指定的数值转变为字符串),再输出 8－n 个 0(n 为与形参 i 结合返回的余数的个数),最后逆序输出求得的各个余数。因此,单击窗体时显示内容的第一行是 1(2)=00000001,最后一行是 15(2)=00001111。

【知识点】 函数调用,字符串函数

五、完善程序题

1.

【答案】 ① －1;② x;③ t / k

【题目解析】 lnplusx 函数采用逐项累加的方法求 In(1+x)的值,即在 Do 循环中逐一求出每一通项的值,加入累加器。Do 循环外常为赋初值的语句,结合第一项的值给出。因为初值 lnplusx=0,根据所给函数计算式,加入的第一项应为 x,故①填－1;②填 x,用 t 除以 k 可以得到一通项,故③填 t / k。每次循环,t 都在前一项的基础上乘以－x,以得到正负交替变化的 x 的各级幂次方。

【知识点】 级数求和

2.

【答案】 ① sngTemp = 1;② sngTemp * x / int1;③ sngTemp

【题目解析】 分析程序，sngTemp 变量存放通项的值，为求出每一通项的值，应考虑原函数计算式中前后项之间非常有规律的关系，这里应采用递推的方法得到通项值，故②填 sngTemp * x / int1；sngTemp 的初值不能为零，故①填 sngTemp = 1；根据结束循环的条件，③填 sngTemp。

【知识点】 级数求和

3.

【答案】 ① x = Ix / 10；② T = x；③ -T * x * x * (2 * n - 1) / (2 * n)；④ Abs(T / (2 * n + 1)) < 1e-6；⑤ Arcsh = P

【题目解析】 本题 CmdCal_Click 过程调用 Arcsh 函数计算 arcsh(x)值并将结果添加至列表框中。根据图 5-1 所示列表框显示的数据，x 的变化范围为 0.1～0.5，故①填 x = Ix / 10；Arcsh 过程中③处根据函数计算式可知应采用递推的方法求 T，根据前后项的关系应填入递推表达式-T * x * x * (2 * n - 1) / (2 * n)；④填结束循环的条件，根据题意填入 Abs(T / (2 * n + 1)) < 1e-6；②填 T = x，根据 P 的第一项给 T 定初值；⑤填 Arcsh = P，将计算结果通过函数名返回。

【知识点】 级数求和，函数调用

4.

【答案】 ① x = 1；② delta > 0.0001；③ 3 * x * x + 4 * x + 10

【题目解析】 ① 填 x = 1，先给 Do 循环中的 x 赋初值；根据牛顿迭代法继续迭代的条件，② 填 delta > 0.0001；根据语句“t=x-f(x)/f1(x)”和牛顿迭代公式 $x_n = x_{n-1} - f(x_{n-1})/f'(x_{n-1})$判断，f1 应为 f 的导数，故③填入 3 * x * x + 4 * x + 10。

【知识点】 牛顿迭代法，函数调用

5.

【答案】 ① (x1 * f(x2) - x2 * f(x1))/(f(x2) - f(x1))；② Exit Do；③ x2 = r；④ x1 = r；⑤ f=x-2 * Sin(x)

【题目解析】 分析题意，①直接根据所给公式填入(x1 * f(x2)-x2 * f(x1))/(f(x2)-f(x1))；②为找到根的情况，应退出循环，故填 Exit Do；③为根在 r 左边的情况，将右边界调整到 r 处，填 x2 = r；④为根在 r 右边的情况，将左边界调整到 r 处，填 x1 = r；⑤填 f=x-2 * Sin(x)，表示求 x-2 * Sin(x)=0 的根。

【知识点】 弦截法求根，函数调用

6.

【答案】 ① 1 To n；② Fib(i+1)；③ f1+f2；④ f3

【题目解析】 本题由三段程序组成：Fib 函数过程求 Fibonacci 数列的第 n 项的值；ShuLie 函数过程求指定的前 n 项分数数列之和；Command1 的 Click 事件过程直接调用 ShuLie，并将计算结果显示在 Text2 文本框中。①填 1 To n，循环求出前 n 项之和存入累加器 a；② 填 Fib(i + 1)，因为原分数数列的分母是 Fibonacci 数列的第 n + 1 项；③Fibonacci 数列中的每一项为前两项之和，故填 f1+f2；④填 f3，将计算结果赋给函数名 Fib 返回调用处。

【知识点】 函数调用，Fibonacci 数列

7.

【答案】 ① As Boolean；② Sum = L；③ Fun = True；④ I = 1 To 100；⑤ List1. AddItem S

【题目解析】 根据题意，应该对6～100范围内的所有数字逐一判断，判断算法可以是：对于任意数字n，依次将从1到n开始的连续的3个数字相加，判断其和是否等于n，等于则添加到列表框中，超过n则判断下一个数。分析程序Fun过程，其功能是判断L是否可以表示成3个连续自然数之和，cmdExcute_Click过程的If块中作为条件调用该函数，故该函数名应为逻辑值，①填As Boolean；②填Sum = L，表示L等于3个连续自然数之和Sum的话；③填Fun = True，找到一个数则通过函数名返回True；④填I = 6 To 100或I = 1 To 100，表示在100以内寻找；⑤填List1. AddItem S，表示将结果添加到列表框List1中。

【知识点】 函数调用，控制结构

8.

【答案】 ① f1(n,m)；② AddItem；③ g1 = g2；④ k；⑤ f2 = f2 + i

【题目解析】 结合题意分析程序，本题由三段程序组成：Command1_Click过程在40～2000的循环范围内，将满足"拟互满数"条件的数据对添加到列表框中；f1函数对输入的n寻找满足"拟互满数"条件的m，找到返回f1= True，否则返回False；f2过程求给定数n的因子和。因此，⑤填f2=f2+i，将n的因子i累加(满足n Mod i = 0的i为n的因子)，这里作为累加器的变量名必须用函数名f2，由其将因子和带回调用处；③填"拟互满数"需同时满足的另一个条件g1 = g2；④填k，k为找到的与n满足"拟互满数"条件的数；①填f1(n,m)，结果为真表明n和m为"拟互满数"；②填AddItem，将满足条件的数据对(n,m)添加到列表框中。

【知识点】 函数调用，拟互满数

9.

【答案】 ① Fib =1；② Fib(n−1)+Fib(n−2)

【题目解析】 根据Fibonacci数列的定义，第一项和第二项为1，其余为前两项之和，故① 填Fib =1；② 填Fib(n−1)+Fib(n−2)。

【知识点】 Fibonacci数列，递归调用

10.

【答案】 ① num；② num Mod 10；③ t \ 2；④ cvt = b

【题目解析】 根据程序功能说明分析程序：主程序从文本框读入十进制数，在循环中完成十进制数各位的分离，并调用函数cvt将分离出的每一位转变为4位二进制的字符串返回，若不足16位则补齐，最后输出结果。① 填num，从紧接的Do循环的条件num>0可以判断num为读入的十进制数；② 填num Mod 10，分离出个位数，转变为四位二进制后，再用语句num = num \ 10去掉该个位数；函数cvt采用反复除2取余的方法将十进制数t转为二进制数，故③ 填t \ 2；If语句块对转换得到的二进制数不足4位的情况进行处理，将其补足到4位，等于4位的则由函数名cvt返回，故④ 填cvt = b。

【知识点】 函数调用，字符串函数

11.

【答案】 ① n<1 Or n>12；② Fact(n−1)

【题目解析】 根据题意，①填 n<1 Or n>12；Fact 过程采用递归求 n!，故有 n!＝n＊(n－1)!；②填 Fact(n－1)，求 n－1 的阶乘。

【知识点】 递归调用

12.

【答案】 ① 计算幂的和；② txtOutput；③ cmdCal；④ 计算(&C)；⑤ sum(k,n)；⑥ b As Integer；⑦ a－1, b；⑧ s＋power(k,i)；⑨ End 或 Unload Me

【题目解析】 名称(Name)属性的值可以从程序中的对象名中找到，标题(Caption)属性的值可以从界面上相应对象上显示的文字获得，正文(Text)属性的值为文本框里显示的文字。结合题目分析函数过程 sum 的作用是通过累加求 $\sum_{i=1}^{n} i^k$，通过调用该过程，将结果显示在 txtOutput 文本框中，函数过程 power 为递归调用，功能是求 b^a，b 值应作为形参通过参数传递进来，其类型可由调用它的实参类型确定。综合考虑，sum 过程累加的每一项应调用 power 过程产生，因此，⑧处填 s＋power(k,i)；i 和 b 结合，故 b 类型同 i 类型，⑥填 b As Integer；⑦递减 a 的值实现递归调用，填 a－1, b；⑤填 sum(k,n)，调用 sum 过程求 $\sum_{i=1}^{n} i^k$。

【知识点】 递归调用，对象属性

数组与自定义数据类型

一、填空题

1.

【答案】 ① 63；② －3

【题目解析】 模块的声明段中有 Option Base 0 语句，表示模块中使用 Dim 声明的未明确指定下界的数组其下标下界为 0。Dim a(6，－3 To 5)等同于 Dim a(0 To 6，－3 To 5)，表示 a 数组为 7 行 9 列的数组，元素个数为 7×9＝63；函数 LBound(a，2) 的返回值为 a 数组第二维的下标下界，即－3。

【知识点】 数组声明，内部函数

2.

【答案】 18

【题目解析】 模块的声明段中有 Option Base 1 语句，表示模块中使用 Dim 声明的未明确指定下界的数组其下标下界为 1。Dim a(6，3 To 5)等同于 Dim a(1 To 6，3 To 5)，表示 a 数组为 6 行 3 列的数组，元素个数为 6×3＝18。

【知识点】 数组声明

3.

【答案】 ReDim

【题目解析】 声明动态数组时并未指定数组的维数、元素个数与下标上下界，这些参数需要在使用前通过 ReDim(重定义)语句指定。对于同一个动态数组，ReDim 语句可以反复使用，即可以多次改变该动态数组的维数和下标界限，但不能再改变其数据类型。

【知识点】 动态数组，数组重定义

4.

【答案】 标准

【题目解析】 定义全局的自定义数据类型，必须在标准模块的声明段中定义。类似的还有全局的常数、全局的固定长度字符串和全局的数组也必须在标准模块的声明段中定义。

【知识点】 自定义数据类型

二、选择题

1.

【答案】 C

【题目解析】 使用 Dim 语句声明数组时，需要用常数或常数表达式指定数组的维数、元素个数与下标上下界。①中 L 为变量，②中 k 声明前默认为变量，故不正确；③中的常量 N 前面声明过，等于 4，④中直接用数字指定下标上下界区间，故③和④为正确的数组声明语句。

【知识点】 数组声明

2.

【答案】 B

【题目解析】 全局数组（用 Public 声明的）必须在标准模块的声明段中定义，Static 只能声明过程级数组，必须在过程中定义，两者均不能在窗体模块的通用声明处定义；②和③声明的为模块级数组，用法和声明的位置正确。

【知识点】 数组声明

3.

【答案】 D

【题目解析】 (D)选项中 intNum 必须声明为符号常量才行。

【知识点】 数组声明

4.

【答案】 B

【题目解析】 数组元素引用时维数需一致，且下标的上界和下界都不能越界，故 array1(0,5)引用正确。

【知识点】 数组声明，数组元素引用

5.

【答案】 B

【题目解析】 数组声明时，应指明数组各维的上下界，下界可以由 Option Base 语句确定为 1 或 0，或采用默认值 0。(B)选项上界为－10，小于默认的下标下界，故错误。

【知识点】 数组声明

6.

【答案】 C

【题目解析】 定义的 Arr 为 3 行 5 列的数组，即数组元素个数为 3×5＝15。

【知识点】 数组声明

7.

【答案】 B

【题目解析】 定义的 b 为 9 行 4 列的数组，即数组元素个数为 9×4＝36。

【知识点】 数组声明

8.

【答案】 D

【题目解析】 定义的 A 为下标区间－3～5 的一维整型数组，即数组元素个数为 9。

【知识点】 数组声明

9.

【答案】 D

【题目解析】 Option Base 0 语句表示模块中使用 Dim 声明的未明确指定下界的数组其下标下界为 0。Dim arrayA(2 To 5,5)等同于 Dim arrayA(2 To 5,0 To 5)，表示 arrayA 数组为 4 行 6 列的数组，元素个数为 4×6=24。

【知识点】 数组声明

10.

【答案】 A

【题目解析】 (A)选项分别指定了两个维的下标上下界，定义的数组一定是 3 行 4 列的二维数组。而默认的数组下标下界为 0，若前面模块声明段无 Option Base 1 语句，则(D)选项定义的数组也为 3 行 4 列的二维数组，若有 Option Base 1 语句，(B)选项定义的数组为 3 行 4 列的二维数组；(C)选项定义的数组为 2 个元素的一维数组。

【知识点】 数组声明

11.

【答案】 D

【题目解析】 动态数组可以作为实际参数整个地传递给一个过程中的形参数组。

【知识点】 数组声明，动态数组

12.

【答案】 D

【题目解析】 使用带 Preserve 关键字的 ReDim 语句重新定义动态数组，可以保留原有的数组元素值。

【知识点】 数组声明，动态数组

13.

【答案】 D

【题目解析】 ReDim 语句可以改变动态数组的维数和每一维的下标上下界，但不可以改变动态数组的数据类型。

【知识点】 数组声明，动态数组

14.

【答案】 B

【题目解析】 数组作形参只能是按地址传递的参数，形参类型在过程声明语句中应声明为与实参数组相同的类型，在过程中不能再作定义。

【知识点】 数组传递

三、读程序题

1.

【答案】 ① 0；② 21

【题目解析】 题目原意是想输出数组 a 中的最大值和最小值，但要注意，这里循环外没有给 max 和 min 赋初值，其默认值均为 0，因此，虽然 a 数组的最小值为 1，但输出的结果却为 0。

【知识点】 数组，求最大值和最小值

2.

【答案】 20

【题目解析】 数组 a 中各数组元素的值为其行号及列号的和，sum 的结果为 a 数组对角线元素的和，即 2+4+6+8=20。

【知识点】 数组，循环嵌套

3.

【答案】 ① 2　5；② 3　6

【题目解析】 第一组嵌套的循环中，将 1～9 按行赋给二维数组 a；第二组嵌套的循环中，从内循环和外循环的循环变量变化范围可知，输出的第一行为 a 数组中第 2 列(j=2)的第 1 行和第 2 行数据；输出的第二行为 a 数组中第 3 列(j=3)的第 1 行和第 2 行数据。

【知识点】 数组，循环嵌套

4.

【答案】 ① 1　5　7　9　2；② 4

【题目解析】 分析可知，该程序的作用是采用冒泡法对数组进行升序排列，i 每循环一次，输出该轮循环中比较交换后数组的当前值，i 循环 4 次共输出 4 行，输出第三行时，只有最后一个数没排好，故①填 1　5　7　9　2；②填 4。

【知识点】 冒泡法排序，数组

5.

【答案】 ① 1　4　7；② 4　5　6

【题目解析】 程序包含三组嵌套的循环。第一组和第三组对数组所有的行下标 i 和列下标 j 循环，分别完成对全部数组元素的赋值(将 1～9 按行赋给数组 m)和输出，第二组嵌套的循环完成 m(i, j) 和 m(j, i)的交换，实际是求 m 矩阵的转置。窗体上显示的第一行内容为转置后的第一行，即“1　4　7”；将程序中的“语句 A”和“语句 B”修改后，由于所有元素都与对应的元素相交换，相当于转置两次，又回到初始状态，这时，窗体上显示的第二行内容为原数组的第二行“4　5　6”。

【知识点】 数组，嵌套循环

6.

【答案】 ① 5；② 1　2　3　4；③ 8　7　6　5；④ 18

【题目解析】 本程序包含两个过程：iSum 函数过程用来求形参数组 kk 第二列元素的和；Command1_Click 过程用二重循环为二维数组 k 中的每个元素赋值，在 j 循环中每赋一个值，随即按紧凑格式输出该值，j 循环结束后换行，窗体上最终显示的结果为按行输出的 k 数组各元素的值及调用 iSum 函数后的返回值。程序一共输出 5 行，第一行为 1 2 3 4；第二行为 5 6 7 8；第三行为 8 7 6 5；第四行为 4 3 2 1；第五行为调用 iSum 函数求出的 k 数组第二列元素的和 18。

【知识点】 数组，函数调用，控制结构

7.

【答案】 ① 0　1　2；② 0；③ 0 1 2 3 4 5 6 7 8

【题目解析】 本题需重点注意每次 i 循环中 a(j)的变化。i 循环外因 i 未赋值，故 a(i)=a(0)=2，即 i 循环范围为 0～2，循环 3 次输出三行 j 值，输出内容取决于 j 循环的次数，即 a(j)的值。i=0 时，j 从 0 到 a(0)，循环三次，输出“0 1 2”，退出循环时 j=3(大于 2 时退出)；i=1 时，j 从 0 到 a(3)(默认值为 0)，循环一次，输出“0”，退出循环时 j=1；i=2 时，j 从 0 到

a(1),循环九次,输出“0 1 2 3 4 5 6 7 8”。

【知识点】 数组,循环嵌套

8.

【答案】 ① 1; ② 5; ③ 0

【题目解析】 程序用二重循环对 A 数组的各元素赋值,根据行号 i 和列号 j 的比较决定执行 IF 块的哪个分支的赋值语句赋值。①A(1, 1)的值因为 i=j=1,故 A(1, 1)=1;②A(2, 3) 的值因为 j > i,故 A(2, 3)=N=5; ③A(4, 1) 的值因为 i > j,故 A(4, 1)=0。

【知识点】 数组,循环嵌套,多分支结构

9.

【答案】 ① 46 42 32 34 17 18; ② 46 42 32 17 18 17

【题目解析】 cmd2_Click 过程本意是求出 cmd1_Click 过程中随机生成的 6 个数中的最大值和最小值,并将最大值移到数组的最左端,最小值移到数组的最右端。注意这里同时求出最大值和最小值及其所在的位置,而原数组中最大值在最小值前面,在最大值移到数组的最左端时,最小值的位置 Imin 已向右移动了一位,因此没能实现原设计的功能,将原最小值前面的数覆盖了。

【知识点】 数组,求极值及其位置

四、完善程序题

1.

【答案】 ① d=0; ② i+1; ③ s

【题目解析】 程序采用除 2 取余的方法将十进制数转换为二进制数,除 2 取余的过程需进行到 d=0 为止,故①填 d=0; ②填 i+1,使存放余数的数组下标递增,这里 i 的初值为 0,即求得的第一个余数存在 b(0)中; ③填 s,逆向将余数依次拼接到字符串 s 中。

【知识点】 数组,Do 循环

2.

【答案】 ① A(1); ② Max<A(i); ③ Min>A(i)

【题目解析】 本题考查循环结构的应用和求数组中极值的算法。算法中一般先假设 A(1)为最大值和最小值,然后循环与后面的每一个数组元素比较,若找到比 Max 更大(或比 Min 更小)的数,就将其赋予 Max(或 Min)。根据该算法,①填 A(1),给 Max 赋初值;②填Max<A(i); ③填 Min>A(i)。

【知识点】 数组,求极值

3.

【答案】 ① k Mod 4; ② Exit Do; ③ i

【题目解析】 本程序重点在于读懂前面的 For 循环。该循环中将循环变量 i 的值 1~16 不重复地赋给各数组元素。Do 循环的作用是找到一个未赋值的数组元素位置,Rnd 函数执行一次产生一个 0~1 均匀变化的随机数,Int(Rnd * 16)得到 0~15 变化的随机数。显然 m 为行下标,其值为 0~3,故①填 k Mod 4; If 语句判断若 a(m,n)没有赋过值,跳出循环给其赋值,故②填 Exit Do; ③ 填 i。

【知识点】 数组,For 循环

4.

【答案】 ① < >; ② −1; ③ a(i)

【题目解析】 分析程序,由 Print 语句输出项内容可以知道,a(5)中存放的是最后剩下的桃子数(即第 5 个猴子剩下的桃子数),a(i)中存放第 i 个猴子剩下的桃子数,a(0)为最初的桃子数。根据题意有 a(i)=a(i+1) * 5/4+1,即可以由 a(5)递推到 a(0),而 a(5)可以在保证桃子数不出现小数的情况下,求出最少的数目。据上面推理,①填< >,即 a(i)非整数,跳出循环重新给定 a(n)的值,这里 a(n)即 a(5);正常退出 For 循环时,i=−1,表明此时 a(0)~a(4)均获得整数值,Do 循环可以结束了,②填 −1;第 i 只猴子藏起的桃子数等于前后两次剩下的桃子数之差再减去一个吃掉的,③填 a(i)。

【知识点】 数组,循环

5.

【答案】 ① Int(90 * Rnd + 10); ② n; ③ sum(a() As Integer, n As Integer, flg As Boolean); ④ UBound (a, 2); ⑤ a (n, j); ⑥ sum + a (i, n)

【题目解析】 根据题意要求随机生成 2 位整数(即 10~99 的数),①填 Int(90 * Rnd + 10);根据下面语句中的 CStr(n)判断,应将输入的行号或列号赋给 n,故②填 n;根据语句中的 sum(a, n, True)知道 sum 应是一通用函数过程,有三个形式参数,根据调用时实参的类型,相应的三个形式参数依次为整型数组、整型变量和逻辑值,结合 sum 函数中的变量名及类型,③填 sum(a() As Integer, n As Integer, flg As Boolean);若 flg=True,将列下标循环求行和,否则将行下标循环求列和,故有④UBound (a, 2);⑤a (n, j);⑥sum + a (i, n)。

【知识点】 数组,控制结构

6.

【答案】 ① m=0; ② d(i); ③ b() As Integer; ④ x\10 或 Int(x/10); ⑤ x=0; ⑥ Prime=True

【题目解析】 根据题意,在 1~999 的循环中,判断其中的每一个数是否为素数;若是,则将该数按位拆分相加后,再判断其和是否为素数;是则输出结果。分析程序算法:函数过程 Prime 应为判断 n 是否为素数的函数,调用结果若为 True,则 n 为素数。函数名 Prime 的默认值为 False,For 循环中若 n Mod m = 0,则 n 不是素数,中断函数调用返回时,仍有 Prime=False;For 循环正常结束后,n 应为素数,这时应将判断结果赋给函数名 Prime 带回调用处,故⑥填 Prime=True。fun1 过程根据程序分析,作用为将输入的 x 按位拆分,并存入数组 b,通过参数的传递返回调用处。故③填 b() As Integer,④填 x\10 或 Int(x/10),⑤填 x=0;②空根据上下文判断,应在循环中将 d 数组(即与形参数组 b 结合返回的拆分数)的各元素值相加,故填 d(i);累加器 m 在循环外需清零,故①填 m=0。

【知识点】 数组,函数调用,控制结构

7.

【答案】 ① sum=0; ② i=sum; ③ [ByVal] n; ④ 2; ⑤ a(k)=j

【题目解析】 根据题意分析程序,i 循环依次在[1,500]内寻找所有满足条件的完数,并在图片框 Picture1 中输出该完数;Call Sub1(i, b)语句表明,Sub1 过程将输入 i 值,输出数组 b(由题意和下面的语句段可以判断 b 应是存放各个因子的数组);sum 存放因子和,故在 j 循环外应先对其清零,①填 sum=0;②处判断 i 是否等于因子和,填 i=sum;③处填写与输入的需要求因子的数 i 结合的形参，根据下文判断为变量 n；Sub1 过程中，初值 k=1，j 循环找到的第一个因子存入 a(2)，j 循环应从 2 开始(因为 1 是所有数的因子，a(1)的值在主程序中通过 b(1)=1 已经赋过)，故④填 2；满足 n Mod j = 0 的 j 为 n 的一个因子，应放入 a(k)中，故⑤填 a(k)=j。

【知识点】 数组，函数调用，控制结构

8.

【答案】 ① y = p(a, x)；② a(i)

【题目解析】 原多项式可以写成 p(x)=(((((2x−5)x+3)x+1)x−7)x+7)x−20，函数过程 p 根据上式计算给定 x 时多项式的值。其中，形参数组 a 依次存放多项式的各个系数，在 i 的递减循环中完成多项式的计算，结果由函数名 p 返回，故②填 a(i)。Command1_Click 过程中，对应 p 过程中的形参，①填函数调用 y = p(a, x)，y 与 Print 语句中的输出项一致。

【知识点】 数组，函数调用，多项式计算

9.

【答案】 ① a(i)； ② b(j)；③ a( )；④ j

【题目解析】 本程序包括三个过程，Command1_Click 过程将 1～21 中的奇数赋给数组 a 并输出，接着调用 Insert 过程完成插入操作，并将插入后的数组元素值输出到窗体上(参考图 6-8(b)所示窗体输出的内容)，故①填"a(i)；"，其中的分号表示用紧凑形式将 a 数组元素的值输出在一行上；Insert 过程用来实现插入操作，即先调用 FindPos 过程找到 n 需插入的位置 k，再将 k 到倒数第二个数间的所有数字后移一位，最后在 k 处插入 n，故 ②填 b(j)，实现数的右移；FindPos 函数过程在升序排列的数组 a 中寻找 key1 插入的位置，③处结合调用时的实参 b()可知应填一数组名，结合下文填入形参数组 a()；④填 j，将找到的插入位置 j 赋给函数名 FindPos 返回。

【知识点】 数组，函数调用，数组函数

10.

【答案】 ① a(ia) < b(ib)；② c(ic) = b(ib)；③ ia = ia + 1；④ ib <= UBound(b)；⑤ ic−1

【题目解析】 根据题意分析程序，ia、ib 和 ic 分别为 a 数组、b 数组和 c 数组的当前下标(指针)，比较 a 数组和 b 数组指针处元素值，小者赋给 c 数组，并调节该数组和 c 数组的指针。因此，①填 a(ia) < b(ib)；②填 c(ic) = b(ib)；③填 ia = ia + 1，表示执行到该循环时，b 数组已排完，将 a 数组中剩余的数据赋给 c 数组；④类似上面的程序，填 ib <= UBound(b)，表示循环到 b 数组中剩余的数据全部赋给 c 数组为止；⑤填 ic−1，其值为 c 数组元素个数。

【知识点】 数组，函数调用，数组函数

11.

【答案】 ① a (i) = i；② a；③ a (1)；④ a (k) <> 0；⑤ 0；⑥ Exit For

【题目解析】 根据题意，数组 a 中存放老鼠的序号，故①填 a (i) = i；在步长为 2 的 for 循环中将单数者杀死(a (i) = 0)，接着将数组 a 作为实参传入 MiceMove 过程实现"靠拢"，因此，② 填 a，与 MiceMove 过程中的形参 a()对应；Do 循环结束后，数组 a 中第一个

元素为最后剩下的老鼠的序号，故③填 a(1)。分析实现"靠拢"目的的 MiceMove 过程：Do 循环控制数组 a 的下标 i 从 1 变到 N，相应地对从 a(1)到 a(N)的所有数组元素进行判断和操作，当数组元素值 a(i)=0 时，找到其后面第一个非零元素 a(k)赋给 a(i)，并将 a (k) 置 0，跳出循环，继续判断下一个元素，最终实现序号往前靠拢的目的，故④填 a (k) < > 0，⑥填 Exit For。

【知识点】 数组，函数调用，控制结构

第7章 基本控件与内部函数

一、判断题

1.

【答案】 对

【题目解析】 复选框有三种选择状态，Value 属性对应有三个值：0 表示未选择；1 表示选择；2 表示以灰色显示。

【知识点】 复选框

2.

【答案】 对

【题目解析】 直线（Line）控件和形状（Shape）控件不能响应用户操作，它们无事件过程，无 Enabled 属性。

【知识点】 Line 控件，Shape 控件

3.

【答案】 对

【题目解析】 内部函数为 Visual Basic 已经定义好的可以直接在程序中调用的一类函数。

【知识点】 内部函数

二、填空题

1.

【答案】 True

【题目解析】 单选框有两种选择状态，Value 属性对应两个值：False 表示未选择；True 表示选择。

【知识点】 单选框

2.

【答案】 ① SelCount ；② Selected

【题目解析】 SelCount 属性返回列表框中被选中的条目数，如无条目被选中，则为 0；Selected 属性为逻辑型数组，其每一个元素对应一个列表项。元素值为 True 表示相应的项被选中，元素值为 False 表示未被选中。可以利用这个属性，在程序中检测某列表项是否被选中。

【知识点】 列表框

3.

【答案】 Index

【题目解析】 Index 属性值代表控件数组元素的下标，其值不能重复，但可以不连续。

【知识点】 控件数组

4.

【答案】 8

【题目解析】 Len 函数返回指定的字符串表达式中字符的个数，这里为 2，加上 6 等于 8。

【知识点】 内部函数

5.

【答案】 Time

【题目解析】 Date、Time 和 Now 这三个函数可以分别返回当前系统的日期、时间、日期与时间。

【知识点】 内部函数

三、选择题

1.

【答案】 D

【题目解析】 Sqr(x)为求非负数 x 的算术平方根的内部函数；LBound(A,n)为返回指定数组 A 第 n 维下标下界的内部函数；Abs(x)为求 x 的绝对值的内部函数；Double 为双精度数据类型名，不是 Visual Basic 内部函数。

【知识点】 内部函数

2.

【答案】 C

【题目解析】 Rnd 函数可以产生一个在(0,1)区间均匀分布的随机数，Int 函数取小于等于指定数的最大整数。因此 Rnd * 10 将产生一个在(0,10)区间均匀分布的随机数，用 Int 函数取整后得到大于或等于 0 但小于 10 的整数。

【知识点】 内部函数

3.

【答案】 C

【题目解析】 若要产生[L,H]之间的随机整数，可用函数表达式 Int((H－L＋1) * Rnd＋L)，故(C)选项正确。

【知识点】 内部函数

4.

【答案】 D

【题目解析】 4 Mod 2 取余数的结果为 0；Len("2")求长度的结果为 1；InStr("VB","VB")求"VB"在指定字符串"VB"中的位置，结果为 1；Val("2＋4")将字符串"2＋4"转变为数值型数据，遇到不能转换的字符就停止转换，"＋"为不能转换的字符，停止转换，故结果为2。

【知识点】 内部函数

5.

【答案】 A

【题目解析】 Fix(number)函数返回对number截尾取整的结果，Int(number)返回小于等于number的最大整数，若number≥0时，两者取整的结果相同，但number<0时，两者取整的结果不同，如Fix(－2.8)＝－2，而Int(－2.8)＝－3。函数Sgn(number)表示求number的符号，其结果1、－1、0分别代表number为正数、负数、0；Abs(number)表示求number的绝对值。(A)选项中先求number的绝对值，再用Int取整后乘以代表number符号的1、－1或0，结果与函数Fix(number)的结果相等。

【知识点】 内部函数

6.

【答案】 C

【题目解析】 Trim函数去掉指定字符串前后的空格；Right函数从指定字符串右边取出指定长度的字符子串；UCase函数把指定字符串转换为大写，不影响其他字符；Asc函数返回指定字符串的第一个字符的编码，如果是单字节字符，返回值在0与255之间(ASCII码)，若为双字节字符，返回值在－32768和32767之间。因此，(A)、(B)和(D)选项返回值为字符串，(C)选项返回值为数值。

【知识点】 内部函数

7.

【答案】 D

【题目解析】 (A)选项先将6.5转变为整数6，再与3取余数，结果为0；(B)选项求字符串"AB"的长度，结果为2；(C)选项先将逻辑值True转变为数值－1再赋给整型变量j，结果为－1；(D)选项表达式1 ＋ "0"的结果为1。

【知识点】 内部函数，类型转换，表达式

8.

【答案】 A

【题目解析】 (A)选项函数运用正确；(B)选项函数名错误；Right函数和Left函数返回字符串前面或后面的指定个数字符组成的子串，且为二目运算。

【知识点】 内部函数

9.

【答案】 A

【题目解析】 (A)选项中函数Mid("Visual Basic",1,12)和Right("Programming Language Visual Basic",12)的运算结果均为"Visual Basic"，故表达式值为True；(B)选项中字符串比较时字符串的大小是按字符顺序根据字符的内码(ASCII码和国标码)逐个进行比较的，因为小写字母的ASCII码大于大写字母的ASCII码，故表达式值为False；(C)选项中Int(134.69)的结果为134，Cint(134.69)结果为135(Cint按四舍五入取整)，故表达式值为False；(D)选项中关系表达式78.9/32.77 <＝ 97.5/43.97和－45.4 > －4.98的结果均为False，两者And的结果也为False。

【知识点】 内部函数，表达式

10.

【答案】 D

【题目解析】 Mid(a,7,6)的结果为" Basic "，通过 UCase 函数转变为" BASIC"，Right (a,11)的运算结果为" Programming"，故最终 b & UCase(Mid(a,7,6)) & Right (a,11)的结果为(D)。

【知识点】 内部函数，表达式

11.

【答案】 A

【题目解析】 函数调用 String(3,"Visual Basic")返回 3 个字符串"Visual Basic"中的第一个字符。

【知识点】 字符串函数

12.

【答案】 C

【题目解析】 函数 Format(32458.5,"000,000.00")表示按"000,000.00"格式(即含分位符“,”的 8 位数字，小数占两位，不足的补 0)返回数值 32458.5，正确答案为(C)。

【知识点】 内部函数

13.

【答案】 A

【题目解析】 Format 函数可以将任意类型的表达式的值按指定格式转换为字符串。1500.46 按"＋##,##0.0"格式转换的结果为"＋1,500.5"。

【知识点】 内部函数

14.

【答案】 A

【题目解析】 MsgBox 函数的作用是弹出消息框，等待用户单击按钮，并返回一个整型值说明用户对消息框的反应(单击了哪一个按钮)。

【知识点】 消息框

15.

【答案】 B

【题目解析】 InputBox 函数的作用是弹出拥有一个文本框与两个按钮的输入对话框，如果用户选择“确定”按钮，则 InputBox 函数以字符串的形式返回文本框中的内容；如果用户选择了“取消”，则返回一个长度为零的字符串("")。

【知识点】 输入对话框

16.

【答案】 C

【题目解析】 InputBox("请输入","输入数据对话框","100")中，“请输入”为输入对话框的提示信息，“输入数据对话框”为输入对话框标题栏中的标题(如果省略，则把应用程序名放入标题栏中)，"100"为显示在输入对话框中文本框中的默认内容，在没有其他输入时作为缺省值返回。

【知识点】 输入对话框

17.

【答案】 B

【题目解析】 Visual Basic 中并非所有基本控件都可以改变大小，如定时器(Timer)控件为不可见控件，无 Width 和 Height 属性，不能改变大小。

【知识点】 基本控件

18.

【答案】 B

【题目解析】 列表框(ListBox)控件、驱动器列表框(DriveListBox)控件和图片框(PictureBox)控件均为基本控件，在新建工程时，自动在工具箱中出现；公用对话框(CommonDialog)控件非基本控件，需要通过执行菜单命令中"工程"→"部件"，选择 Microsoft CommonDialog Contrl 6.0 复选框，添加到工具箱中。

【知识点】 基本控件

19.

【答案】 C

【题目解析】 图片不能显示在标签、文本框和框架上。

【知识点】 基本控件

20.

【答案】 C

【题目解析】 标签(Label)和文本框(TextBox)控件没有 Picture 属性，不可以显示图片；命令按钮(CommandButton)和单选钮(OptionButton)控件有 Picture 属性，但需要将其 Style 属性设置成 Graphical，才能显示 Picture 属性中设置的图片。

【知识点】 基本控件

21.

【答案】 B

【题目解析】 图片控件和图像控件所显示的图像文件，可以在设计时通过属性窗口的 Picture 属性来指定，也可以在程序中使用 Visual Basic 定义的 LoadPicture 方法来打开一个图像文件赋予此属性，如(B)所示。若 LoadPicture 方法后不带参数(即不指定图像文件)则可使图片控件或图像控件不显示任何图像。

【知识点】 图片框

22.

【答案】 C

【题目解析】 在 Windows 资源管理器中用鼠标双击一个.frm 文件，只能打开该窗体模块，无法打开该 Visual Basic 工程的其他模块，所以并未将整个 Visual Basic 工程调入。

【知识点】 基本控件

23.

【答案】 D

【题目解析】 框架控件或图片框可以作容器起到分组的作用。

【知识点】 基本控件

24.

【答案】 D

【题目解析】 形状(Shape)控件和直线(Line)控件都不能响应用户操作，无事件过程。

【知识点】 基本控件

25.

【答案】 C

【题目解析】 滚动条的常用事件主要有两个：Scroll 事件和 Change 事件。当滚动条的滚动块被拖动时激发滚动条的 Scroll 事件；当单击滚动箭头、拖动滚动块，或者用程序设置属性值使滚动条的 Value 属性值发生变化时，激发滚动条的 Change 事件。

【知识点】 滚动条控件

26.

【答案】 C

【题目解析】 SmallChange 和 LargeChange 属性分别是用户单击滚动箭头和空白区域时，滚动条控件的 Value 属性值的改变量。Min 和 Max 属性分别表示当滚动条的滚动块处于顶部(或最左)位置和处于底部(或最右)位置时，滚动条代表的当前值。

【知识点】 滚动条控件

27.

【答案】 A

【题目解析】 定时器(Timer)控件是不可见控件，无 Width 属性、Height 属性和 Visible 属性，其位置无关紧要。

【知识点】 定时器控件

28.

【答案】 A

【题目解析】 列表框(ListBox)控件没有 Caption 属性。列表框显示的最后被选中的列表项文本是其 Text 属性，显示的列表条目是其 List 属性中的字符串数组元素值。

【知识点】 基本控件

29.

【答案】 B

【题目解析】 列表框(ListBox)控件不能作为控件容器。

【知识点】 基本控件

30.

【答案】 B

【题目解析】 (A)、(C)和(D)选项中的属性值均为逻辑值(True 或 False)；(B)选项中 OptionButton 控件的 Value 属性也为逻辑值(True 或 False)，但 CheckBox 控件的 Value 属性值有三个：0(未选择)、1(选择)和 2(灰色显示)。

【知识点】 基本控件

31.

【答案】 A

【题目解析】 Visual Basic 基本控件中可以做控件容器的只有窗体(Form)、图片框(PictureBox)和框架(Frame)。

【知识点】 基本控件

32.

【答案】 D

【题目解析】 定时器(Timer)控件本身为不可见控件,无 Visible 属性。

【知识点】 基本控件

33.

【答案】 D

【题目解析】 滚动条有 Value 属性,其值代表滚动条的当前值,改变滚动块的位置可以改变此属性值。

【知识点】 基本控件

34.

【答案】 B

【题目解析】 单选框的 Value 属性是逻辑类型,False 表示未选中,True 表示选中。

【知识点】 基本控件

35.

【答案】 B

【题目解析】 Alignment 为标题对齐方式属性,可以设置成左对齐、右对齐或居中。

【知识点】 常用属性

36.

【答案】 D

【题目解析】 表示定时器控件触发时间间隔的属性为 Interval,单位是毫秒。

【知识点】 定时器控件

37.

【答案】 A

【题目解析】 将控件 Caption 属性设置为"& 字母"的形式,则运行时可以按"Alt+字母"快速执行该事件。

【知识点】 常用属性,菜单

38.

【答案】 D

【题目解析】 MsgBox 函数的第二个参数是一个整数,该参数可以同时确定消息框中按钮的数量、图标和按钮的类型。

【知识点】 MsgBox

39.

【答案】 C

【题目解析】 双击鼠标左键可以引发的鼠标事件按触发时间顺序依次为:MouseDown、MouseUp、Click、DblClick 和 MouseUp。其中 MouseUp 事件将会触发两次。

【知识点】 鼠标事件

40.

【答案】 D

【题目解析】 MouseMove事件为用户在窗体或控件上移动鼠标时激活的事件，可以从该事件过程中得到的参数有Button、Shift、X和Y。Button参数是一个整数，确定引发事件的鼠标键(1：左键；2：右键；4：中键)；Shift参数也是一个整数，指明在此事件发生时，Shift、Ctrl与Alt三个键是否处于按下状态(1：按下了Shift；2：按下了Ctrl；4：按下了Alt)；X和Y是两个单精度数，指明当事件发生时，鼠标指针热点所处位置的坐标。

【知识点】 鼠标事件

41.

【答案】 A

【题目解析】 单击鼠标左键可以引发的鼠标事件按触发时间顺序依次为：MouseDown、MouseUp、Click。

【知识点】 鼠标事件

42.

【答案】 B

【题目解析】 MouseDown事件为用户在窗体或控件上按下鼠标键时激活的事件，可以从该事件过程中得到的参数有Button、Shift、X和Y，没有表示系统时间的参数。Button参数得到引发事件的鼠标键(1：左键；2：右键；4：中键)；Shift参数指明事件发生时，Shift、Ctrl与Alt三个键是否处于按下状态(1：按下了Shift；2：按下了Ctrl；4：按下了Alt)；X和Y指明事件发生时鼠标指针热点所处位置的坐标。

【知识点】 鼠标事件

43.

【答案】 C

【题目解析】 控件数组由具有相同类型和相同Name属性的元素控件组成，可通过控件的Index属性区别同一控件数组中的各个元素控件。同一控件数组中的所有控件共用同一个事件过程，因此可以用来替代同一个窗体上功能类似的多个同类控件以简化编程。菜单控件中的菜单项可以通过Index属性创建控件数组。

【知识点】 控件数组

44.

【答案】 C

【题目解析】 在同一个命令按钮控件数组中，各个按钮的Name属性一定是相同的，Caption属性和Value属性可以相同或不同，但用来区别同一控件数组中的各个元素控件的Index属性一定不相同。

【知识点】 控件数组

45.

【答案】 A

【题目解析】 可以通过菜单控件的Caption(标题)属性设置菜单项上显示的文字，可以使用“&”来定义一个快捷访问键，如果一个菜单项的Caption属性设为“－”(减号)，菜单项会显示为菜单分隔条。

【知识点】 菜单控件

46.

【答案】 B

【题目解析】 Visual Basic 子菜单的层次最多不能超过4级；菜单的结构只能在菜单编辑器中进行编辑，但结构创建后，菜单控件的属性可以在菜单编辑器或属性窗口中设置；可以通过设置菜单控件的Caption(标题)属性为菜单项设置快捷键(如S)，但热键(如Ctrl+S)不能通过菜单控件的Caption(标题)属性设置。

【知识点】 菜单控件

47.

【答案】 A

【题目解析】 要在一个菜单中添加一条分隔线，应该在"标题"输入框中输入减号。

【知识点】 菜单控件

48.

【答案】 B

【题目解析】 使用菜单编辑器创建菜单时，可以通过菜单控件的"标题"输入框设置菜单项上显示的文字，可以使用"&"和某字母来定义一个快捷访问键，定义后，程序运行时按Alt键和该字母键即可打开该命令菜单。

【知识点】 菜单控件

49.

【答案】 D

【题目解析】 菜单中的分隔线是通过设置菜单控件的Caption(标题)属性实现的，将Caption(标题)设置为减号，菜单项则显示为分隔线。

【知识点】 菜单控件

50.

【答案】 C

【题目解析】 菜单控件只有Click事件，故不能响应其他事件；可以编写分隔条菜单项的Click事件过程，但不能通过单击分隔条激发，只能在别的过程中调用。

【知识点】 菜单控件

四、读程序题

1.

【答案】 ① ABC；② B2

【题目解析】 使用Dim关键字定义的过程级变量只在定义它的过程执行时存在，过程执行完变量即消失。而使用Static关键字定义的过程级变量为"静态变量"，它在整个程序的运行过程中都存在。可以在一个过程的多次执行之间保持其值。因此，静态变量a和i的值在窗体的三次单击过程中被累加，而b只是最后一次单击的结果。

【知识点】 静态变量，字符串函数

2.

【答案】 BDFH

【题目解析】 Len函数用于求指定文本的字符数，故 L＝8；Mid(Text1, K, 1)从Text1文本中第K个字符开始取1个字符。For循环是步长为－2的递减循环，循环变量K依次为8、6、4、2，将"ABCDEFGH"中相应的字符依次取出逆序连接后，S＝"BDFH"，其值即为显示在标签Label1上的内容。

【知识点】 For循环，字符串函数

3.

【答案】 ① 0：1；② 2：3

【题目解析】 For循环中，依次取出字符串s中的每一个字符，若是0～9范围的数字，则相应的计数器n(j)加1，即若s1＝1，则n(1)＝ n(1)＋1，若s1＝2，则n(2)＝ n(2)＋1，依次类推。因此，本程序的功能是求出s中每个数字出现的次数，并以指定的格式输出。窗体上显示的第一行为0及出现的次数(0：1)，第三行为2及出现的次数(2：3)。

【知识点】 字符串函数，控制结构

4.

【答案】 实创新团结献身求

【题目解析】 本题中，Len函数求出xiaoxun字符串变量的长度，并赋给整型变量k，即k＝8，因此For循环执行8次，输出8行；循环中"Mid(xiaoxun，2，k－1)"表示从xiaoxun的第2个字符开始取k－1个字符，即每一次循环均取xiaoxun除第一个外的其他字符，拼接上第一个字符，再赋给xiaoxun输出，实际效果是将xiaoxun的第一个字符移到xiaoxun的尾端，第5行显示的是移动5次的结果。

【知识点】 字符串函数

5.

【答案】 ① abcdef；② fedcba

【题目解析】 本题Try过程中的For循环为步长－1的递减循环，其作用是将输入的字符串变量c中的字符逐个逆序取出，重新拼接成字符串d返回。因此，Form_Click过程用"try s1, s2"调用后，窗体上显示的第一行输出结果为原输入字符串，第二行输出结果为其逆序。

【知识点】 字符串函数，过程调用

6.

【答案】 abcde12345

【题目解析】 单击按钮Command1后屏幕显示输入对话框，字符串"abcde12345"为其文本框中的默认输入内容，若单击"确定"按钮，文本框内容赋值给strInput。本题按下键盘上的Esc键相当于单击"取消"按钮，返回空字符串赋给strInput，因此未执行下面的For循环，消息框中显示的内容仍为"abcde12345"。

【知识点】 预定义对话框

五、完善程序题

1.

【答案】 ① Mid(str1,int1,1)；② str2＝""

【题目解析】 根据题意，程序应根据英语句子中的空格将句子分解为单词，直到整个句子分解完毕。①填 Mid(str1,int1,1),表示从字符串 str1 中第 int1 个字符开始取一个字符,即取出第 int1 个字符,判断是否是空格,不是则将其拼接到 str2 中,再取下一个字符判断,是空格的话说明 str2 中已经是一个完整的单词,将 str2 添加到列表框,并将 str2 清空,准备分解下一个单词,故②填 str2=""。

【知识点】 字符串函数,列表框

2.

【答案】 ①"学号"; ② < >10; ③ Exit Do 或 Exit Sub

【题目解析】 根据 InputBox 的用法,①处应填图 7-1(a)所示的输入对话框上面显示的 title,即"学号"; Len(Trim(s))表示字符串 s 去除两边空格后的长度,据题意其值不等于 10 时弹出消息框,故②填< >10; ③填 Exit Do 或 Exit Sub,退出过程。

【知识点】 字符串函数,If 块

3.

【答案】 ① cmdProcess_Click(); ② strSource; ③ intNum = intNum+1; ④ intMax=intNum; ⑤ intMax

【题目解析】 分析题意,程序应在循环中对输入文本的每一个字符进行判断,设置计数器记录连续字符的个数,设置变量存储连续字符个数的最大值。本程序分别用变量 intNum 和 intMax 计数和存放最大值。②填 strSource,从左边取第一个字符赋给 str1 作为比较字符,以便后面统计与其相同的字符个数; 循环中 if 块判断若 strSource 中依次取出的字符与当前 str1 值相同,则计数器加 1(③intNum = intNum+1),否则,字符 str1 的连续计数结束,判读该计数结果是否大于最大值,若大,则将其作为最大值(④intMax=intNum),并重新设置 str1 和 intNum 的值,开始新的比较和计数。

【知识点】 字符串函数,控制结构

4.

【答案】 ① Len(s); ② x(j); ③ h = 1; ④ chr(h+64); ⑤ x \ 2

【题目解析】 首先分析 sub1 过程可知,其功能是将传入的整数 x 在 Do 循环中采用不断除 2 取余的方法求得对应的各个二进制位,并依次存放于数组 b 中返回,故⑤填 x\2,取 x 除以 2 的整数部分; Command1_Click 过程将 Text1(0)输入的字符串变量 s 中的字符逐一取出转换为对应的 ASCII 码,拼接后显示于 Text1(1)中,①填 Len(s),求出字符串 s 的长度作为循环的终值; 对于每一个字符的 ASCII 码 m 调用 sub1 函数求出对应的二进制位数组 x 后,②填x(j)将其逆序拼接到存放二进制数的字符串 t 中,最后输出到 Text1(2); 根据二进制数生成密码的规则说明,程序应对连续出现的 0 或 1 进行计数,以确定后面所跟的大写字母,分析可知 h 为计数器,后面的 For 循环从 2 开始,故 h 的初值为 1,③填 h=1; ④填 chr(h+64)将 h 值转为对应的大写字母,h=1 时,chr(h+64)为"A",依次类推。

【知识点】 字符串函数,控件数组,控制结构

5.

【答案】 ① "是否要退出?"; ② 65 + Rnd * 26; ③ lstSort. Clear; ④ j; ⑤ 64 + i; ⑥ Exit Do; ⑦ 1; ⑧ int2; ⑨ 10; ⑩ Text1; ⑪ cmdGen; ⑫ "排序"

【题目解析】 程序中 cmdExit 为退出按钮,根据图 7-4(b)所示消息框的提示信息,①填"是否要退出?"; cmdGen 为生成按钮,单击后随机生成 20 个大写字母,因为大写字母

的 ASCII 码从 65 开始，即“A”的 ASCII 码为 65，将其加上 0～25 的数，再用 Chr 函数转变为字符就可以得到 A～Z 间的字母，int(Rnd * 26)可以生成 0～25 的数，故②填 65＋Rnd * 26。cmdRestart 为重新开始按钮，据题意应清除文本框和列表框中的内容，③填 lstSort.Clear，清除列表框 lstSort 的内容。Search 过程中内部函数调用 InStr(int1, str1, str2)，表示在字符 str1 中从第 int1 个字符开始搜索字符串 str2 第一次出现的位置，结果为 0 表示没有，int2 计数了 str2 出现的次数，⑦填 1 表示从第 1 个字符开始查找；⑧填 int2，将 str2 出现的次数通过函数名 Search 返回，因此 Search 函数的作用就是在 str1 中寻找 str2 出现的次数。cmdSort 为排序按钮，For 循环调用 Search 过程从 str1 中依次找出 A～Z 间所有字母出现的次数(④填 j)，若某字母出现的次数大于 1，添加到列表框(⑤填 64＋i)，若复选框选中(即 chkMulti. Value = 1)，不再添加该字母，退出 Do 循环(⑥填 Exit Do)，继续 For 循环检查下一个字母出现的次数。

【知识点】 字符串函数，函数调用，控制结构

6.

【答案】 ① Data()；② i；③ Sum(Data)；④ Unload；⑤ i < > 0；⑥ Len(s) − j + 1；⑦ d(i)

【题目解析】 cmdCalc_Click 过程用来寻找最大值 Max 及其在数组中的位置 MaxIndex。根据求最大值的算法，②填 i，跟踪最大值的位置；根据输出数据的要求，③调用函数 Sum 计算 Data 数组中所有数据的和，由 Sum 过程的定义语句可知，这里应填 Sum(Data)；cmdExit_Click 过程中，④填 Unload，卸载窗体退出程序。cmdInput_Click 过程由输入框输入一组以逗号分隔的数据赋给字符串变量 s，将其拆分后存入数组 Data，最后再添加到列表框中。拆分的方法是寻找字符串 s 中的逗号位置 i，用 Val(Mid(s, j, i − 1))将 s 中 j 开始到逗号前的数字取出，调整 j 为逗号后的位置(j = i + 1)，继续寻找后面的逗号进行拆分，直到找不到逗号(i=0)为止。故⑤填循环的条件 i< >0，⑥填 Len(s) − j + 1，将最后一个数字从右端取出。Sum 过程对传入的数组 d 求和，⑦填 d(i)。考虑到 Data 数组在 cmdInput_Click 过程中被重定义，①填 Data()，将其声明为模块级动态数组。

【知识点】 字符串函数，函数调用，控制结构，最大值

7.

【答案】 ① 52；② 26 To 51；③ line1 Mod 6=0

【题目解析】 分析可知，数组 a(0 to 61)作为计数器用，a(0)～a(25)依次存放大写字母 A～Z 出现的次数，a(26)～a(51)依次存放小写字母 a～z 出现的次数，a(52)～a(61)依次存放数字 0～9 出现的次数。程序取出文本框中的每一个字符，在 If 块中求出其相应的计数器数组元素下标，使相应的计数器加 1，最后合并结果输出。① 填 52，表示数字计数器从 a(52)开始；② 填 26 To 51，合并小写字母；③ 填 line1 Mod 6=0，根据 text2 输出的格式，每输出 6 个字符及其个数后换行，这里的 & Chr(13) & Chr(10)表示插入回车换行符。

【知识点】 字符串函数，控制结构

第8章 文件操作与多模块程序设计

一、判断题

1.

【答案】 错

【题目解析】 可以用作启动对象的有两种：①工程中的一个窗体；②标准模块中的Sub Main过程。

【知识点】 启动对象

2.

【答案】 对

【题目解析】 启动对象可以是窗体模块或标准模块中的Sub Main过程。

【知识点】 启动对象

二、选择题

1.

【答案】 A

【题目解析】 默认的启动对象是第一个添加的窗体。

【知识点】 启动对象

2.

【答案】 B

【题目解析】 默认的启动对象是第一个添加的窗体。

【知识点】 启动对象

3.

【答案】 D

【题目解析】 默认的启动对象是第一个添加的窗体，但可以通过“工程”菜单中的“工程属性”子菜单打开“工程属性”对话框，在“启动对象”下拉框中指定其他对象为启动对象。可以指定的启动对象只能是窗体模块或标准模块中的Sub Main过程。

【知识点】 启动对象

4.

【答案】 D

【题目解析】 Visual Basic工程若在标准模块中有Sub Main过程，则可以没有窗体，故

(A)错；通过“工程”菜单中的“工程属性”子菜单打开“工程属性”对话框，在“启动对象”下拉框中可以指定任意一个窗体对象或标准模块中的Sub Main过程为启动对象，故(B)和(C)错。

【知识点】 启动对象

5.

【答案】 B

【题目解析】 标准模块或窗体模块中只有用Public声明的过程才可以在整个工程范围内被调用，且窗体模块中用Public声明的过程在调用时，过程名前应加上模块名，而标准模块中用Public声明的过程名若没有与其他标准模块中的全局过程重名，可以用过程名直接调用。启动对象默认是第一个创建的窗体，不管工程文件中有没有包含Sub Main过程，使用非默认对象启动时均需通过“工程属性”设置。

【知识点】 模块，启动对象

6.

【答案】 A

【题目解析】 窗体的这几个事件过程定义语句标准写法为：(A)Private Sub Form_Load()；(B)Private Sub Form_Unload(Cancel As Integer)；(C)Private Sub Form_QueryUnload(Cancel As Integer, UnloadMode As Integer)；(D)Private Sub Form_MouseMove(Button As Integer, Shift As Integer, X As Single, Y As Single)。可以看出只有(A)选项的括号内没有参数。

【知识点】 窗体事件

7.

【答案】 A

【题目解析】 很显然MouseUp、Click和DblClick事件均是在窗体上用鼠标触发的，只有Load事件是在窗体加载到内存中、还没在屏幕上显示出来时触发的。

【知识点】 窗体事件

8.

【答案】 C

【题目解析】 GotFocus事件当窗体获得焦点时触发；Activate事件当窗体第一次被显示或成为当前活动窗体时触发；Deactivate事件当窗体不再成为活动窗体时触发；Load事件当窗体被装载入内存时触发，且从内存卸载之前不会再次触发。

【知识点】 窗体事件

9.

【答案】 B

【题目解析】 当前窗体模块名不一定是Form1或Form2，故(A)和(D)错；Debug.Print语句将"Hello"显示在立即窗口中，故(C)错；Me可以用来代表当前窗体，故正确答案为(B)。

【知识点】 对象名

10.

【答案】 D

【题目解析】 如果程序通过编译，可以运行，但是运行的结果不是我们所期望的，那么这类错误就被称为逻辑错误。由于系统无法找到逻辑错误，所以逻辑错误往往是很难以确定和排除的，需要不断地分析和测试应用程序，找出问题所在。

【知识点】 程序调试

11.

【答案】 C

【题目解析】 使用组合键 Ctrl＋Break 可以强制中断程序运行，返回设计状态。

【知识点】 程序调试，组合键

12.

【答案】 A

【题目解析】 (A)Input 方式从文件读到程序中(只能读不能写)；(B)Output 方式从程序写到文件中，覆盖文件中现有内容(只能写不能读)；(D)Append 方式追加到文件的末尾(只能写不能读)。以上均用于顺序文件的操作。(C)Random 方式以随机方式打开文件(Random 可以省略)，既可以读，也可以写。

【知识点】 文件基本概念

13.

【答案】 B

【题目解析】 以 Append 方式打开顺序文件可以将数据添加到文件的尾部。

【知识点】 文件基本概念

14.

【答案】 C

【题目解析】 可用文件号的范围在 1～511 之间。

【知识点】 文件基本概念

15.

【答案】 A

【题目解析】 Write# 输出到文件中的各数据项之间用逗号分隔，写到文件中的内容会加上“界定符”：字符串加双引号，日期型、逻辑型加“#”。

【知识点】 文件基本概念

16.

【答案】 D

【题目解析】 (A)读入一项或多项内容依次赋给相应的变量；(B)将当前读写位置上的一整行数据作为一个字符串读入并赋予指定的字符串变量；(C)从文件中当前位置读入指定字节个数的数据，并作为字符串返回。但是，Visual Basic 不支持用 Read 语句读取顺序文件。

【知识点】 文件基本概念

17.

【答案】 D

【题目解析】 不带任何参数的 Close 语句可以关闭所有当前以 Open 语句打开的文件。

【知识点】 文件基本概念

18.

【答案】 D

【题目解析】 EOF函数测试当前是否位于指定文件号所代表文件的末尾，若位于文件的末尾返回True，否则返回False；LOF函数返回指定文件号所代表文件的长度，单位为字节。

【知识点】 文件操作函数

19.

【答案】 D

【题目解析】 随机文件中各记录的长度相等，在open语句中指定。

【知识点】 文件基本概念

20.

【答案】 D

【题目解析】 Output用于open语句的For子句中，表示用写的模式打开一个顺序文件，写文件则需用相应的写语句，如Print #或者Write #语句。

【知识点】 文件基本概念

21.

【答案】 B

【题目解析】 Get用于读随机文件中的记录，Input #和Line Input #用于读顺序文件中的数据。

【知识点】 文件基本概念

三、读程序题

1.

【答案】 ① App. Path & "\in. txt"；② intLineNum + 1；③ strInputLine(intLineNum)；④ 1 To intLineNum；⑤ Close

【题目解析】 用Open语句打开文件时，可以用App. Path代表应用程序所在的目录，因此①填App. Path & "\in. txt"，打开应用程序目录下的文本文件In. txt；“Do Until EOF(1)”表示一直循环到遇见文件结束符，即循环到读出文件中的所有数据，intLineNum在下一句中用作strInputLine数组的下标，其值应能递增，②填intLineNum + 1；③填strInputLine(intLineNum)，将读入的一行数据存入数组strInputLine；④填1 To intLineNum，输出所有的数组元素；⑤填Close，程序结束前关闭所有打开的文件。

【知识点】 文件操作

2.

【答案】 ① For Output；② Coord(i)；③ 1或 # 1；④ Abs(Coord(2) − Coord(4))；⑤ #2；⑥ 2或 #2

【题目解析】 ①空因为要将结果输出到"c:\dataout. dat"，填For Output；②空根据下一句判断，文件读入的数据应存入Coord(i)中，故填Coord(i)，数组元素Coord(1)～Coord(4)依次存放X1、Y1、X2、Y2；输入结束关闭该文件，③填1或 # 1；④空参考上面的If语句，应填入与之类似的条件Abs(Coord(2) − Coord(4))，判断纵坐标之差的绝对值是否很小；

⑤空由通道 2 输出数据，填＃2；⑥填 2 或＃2，输出结束关闭文件。

【知识点】 文件操作，数组

3.

【答案】 ① App. Path；② 1 To intLen；③ k；④ outText，tmpChar；⑤ ＃2，outText

【题目解析】 用 Open 语句打开文件时，若没有指定文件的目录，默认为当前目录。但当前目录是经常改变的，如果指定目录，则将来安装程序时，被打开的文件必须安装于指定目录中，比较没有弹性。解决上述问题的方法一般是将数据文件与可执行文件放在同一目录，用 App. Path 代表应用程序所在的目录，因此①填 App. Path；LOF(1)意为返回文件号 1 所代表文件(即 in. txt)的长度(以字节为单位)，②填 1 To intLen 或 Len(inText)，循环中对每个字节数据做判断，③填 k，取第 k 个字符；根据 InStr 函数的用法，④填 outText，tmpChar，表示在字符串 outText 中查找 tmpChar 出现的位置，返回 0 表示没有找到，即 outText 中没有该字符，需要添加进去；⑤填＃2，outText，根据题目要求将处理后的数据写入文件号 2 代表的 D 盘根目录下的文件 out. txt 中。

【知识点】 文件操作，字符串函数

4.

【答案】 ① 2＊i－1；② 2；③ 0；④ s(b,m,n)；⑤ "c:\out. txt"；⑥ As 10 或 As ＃10；⑦ c(i)；⑧ Boolean；⑨ int1＞i/2；⑩ x() As Integer；⑪ f＝True；⑫ m＋n

【题目解析】 ①填 2＊i－1，将 1～20 的奇数赋给 a(i)；分析可知 k 表示 c 数组下标，k 为奇数时，c(k)为奇数，反之，为偶数；④与下面的 s a，m，n 对应，应填入 s(b,m,n)表示输入偶数数组，n 为输出参数，返回满足条件的数；此时对应的 k 为偶数，故③填 0；⑤根据 Open 语句的格式填输出文件路径及文件名"c:\out. txt"；⑥填 As 10 或 As ＃ 10；⑦将 c 数组写入磁盘文件，填 c(i)；prime 函数过程判断 i 是否为素数，结果根据下面的 If 语句判断应为逻辑值，故⑧填 Boolean；⑨填判断 i 为素数的依据 int1＞i/2(循环正常结束时 int1＞i/2)；Sub 过程 s 的作用是寻找与 m 的和为素数的 n，其中用到的 x(i)应由形式参数传入，故⑩填 x() As Integer (x 后必须有括号，表示 x 为数组，其类型根据调用处实参 a 数组的类型而定)；⑪要使 Do 循环至少执行一次，f 应赋初值 True；⑫根据题意用相邻两数之和调用 prime 判断两数和是否为素数，填 m＋n。

【知识点】 文件操作，数组，函数调用，控制结构

5.

【答案】 ① "c:\score. txt"；② b() As Single；③ UBound(b,2) 或 2；④ m 或 2；⑤ i＝i＋1；⑥ p＝i＋1

【题目解析】 本程序包括三个过程，窗体的 Click 过程从文件中读入数据存入二维数组 a 的第一列，第二列存放对应的运动员号 1～10，调用 sort 过程对成绩进行排序(即对第 1 列数据排序，相应的运动员号应能随成绩调整)，最后再调用 out 过程输出结果。①根据 Open 语句的标准格式填输入文件路径及文件名 "c:\score. txt"；sort 过程中，②根据调用实参的个数和类型，结合过程中相应的数组名，填 b() As Single；分析程序可知 sort 过程采用选择法进行排序，即在每轮比较中找出第 i 个元素后面的最小元素所在位置(即下标) k，再将下标 i 和 k 对应的两元素互换。③填 UBound(b,2) 或 2，④填 m 或 2，将需交换的

两列数据同时交换；out 过程中⑤填 i=i+1，使 Do 循环的循环变量递增；⑥p=p+1(最好填 p=i+1)。

【知识点】 文件操作，数组，函数调用，控制结构

6.

【答案】 ① For Input；② Preserve a(n)；③ n−1；④ <=；⑤ n

【题目解析】 根据题意，程序从文件中读入 n 个整数，①填 For Input 以读的方式打开文件；因为 n 的个数事先不知道，程序第一行将存放数据的数组 a 定义为动态数组，Do 循环中对动态数组重定义时需保留已有的数组元素值，②填 Preserve a(n)；③填循环终值，由下面 If 中的 a(i + 1)知，不溢出的 i 最大值是 n−1(也可以由下面的 j 循环类比得出)；④类比上面的 i 循环(判断是否递增)，这里填 <=，判断是否递减；⑤填是否"符合条件"的判据，由题意，j 循环正常退出时应输出"符合条件"，此时有 j=n，故填 n。

【知识点】 文件操作，数组，控制结构

7.

【答案】 ① fname = "d:\a. txt"；② ReDim p(n)；③ n = UBound(p)；④ d = p(i)；⑤ j = k + 1；⑥ k = i

【题目解析】 Command1_Click 过程中，①空下面 Open 语句中的 fname 需先赋值，根据题目给出的文件名填 fname = "d:\a. txt"；p()为动态数组，使用前需重新定义，②填 ReDim p(n)；bubsort 过程对参数传入的 p 数组进行排序，分析可知程序采用的是双向冒泡排序算法，即从左向右扫描比较一次，再从右向左扫描比较一次，发现相邻两数逆序就做交换，一直进行到所有元素排好为止。据此，③填 n = UBound(p)，为下面的 n 赋值，这里 1 和 n 分别表示 p 数组的最小下标和最大下标；④填 d = p(i)，将 p(i) 和 p(i + 1)的数据进行交换；⑤给下面的 j 赋值，填 j = k + 1；⑥填 k = i。

【知识点】 文件操作，数组，函数调用，控制结构，双向冒泡排序

8.

【答案】 ① s1 , i , 1；② Not；③ k = k + 1；④ k = k−26；⑤ Encode = Chr (k)

【题目解析】 已知任意一个字母 s，求其后面第 n 个字母，可以用 Chr (Asc(s) + n) 得到，函数 Asc 求 s 的 ASCII 码，函数 Chr 求 ASCII 码对应的字符。程序应将输入文本中的每一个字符取出，判断是第几个字符，再根据加密规则加密，并将加密后的字符拼接到一起输出。①填 s1 , i , 1，取出 s1 中第 i 个字符加密处理；②填 Not，表示非字母字符时无须加密，直接拼接到结果字符串 s2 中；③ 填 k = k + 1，表示是字母需要加密时，计数是单词的第几个字母；函数过程 Encode 将输入的 s 转变成其后第 n 个字符(加密)，若 k 的值超出字母的 ASCII 码范围(大于"Z"或"z")则折回头，故④填 k = k−26；转换后的字母由函数名 Encode 返回，⑤填 Encode = Chr (k)。

【知识点】 文件操作，字符串函数，函数调用，控制结构

9.

【答案】 ①"未指定数据文件名!"；② s For Input As #1；③ n = n + 1；④ i (n)；⑤ n − 1；⑥ i(int1)>i(int2)；⑦ int3 =i(int1)；⑧ i (int2) > i (int2+1)；⑨ "c:\postsort. dat"；⑩ n(或 Ubound(i))

【题目解析】 根据 MsgBox 的用法和图 8-5(b)所示消息框上显示的提示内容，①填

“未指定数据文件名!”；②填 s For Input As ＃1，表示用 1 号通道(由下面的“EOF(1)”知道文件号为 1)打开文件 s 输入数据(s 的值由文本框 Text1 输入)；③将数据读入数组i(n)，下标 n 应能递增，填 n ＝ n ＋ 1；⑤填 n － 1，比较法排序共比较 n － 1 轮；⑥填 i(int1)＞i(int2)，表示按升序排列；⑦填 int3＝i(int1)，将 i(int1)暂存 int3 中，以便与i(int2)交换；⑧根据冒泡法排序的规则，每轮比较都是通过数组中相邻元素的比较，发现逆序做交换，最终实现排序的，填 i (int2) ＞ i (int2＋1)；⑨打开文件输出数据，由题目说明，填“c:\postsort. dat”；⑩填 Ubound(i)，求 i 数组的最大下标，也可以填 n，这里 n 是模块级变量，在程序的各个过程中都有效。

【知识点】 文件操作，排序算法，函数调用，控制结构

10.

【答案】 ① filename；② Not EOF(1)；③ str2 ＋ str1 ＋ Chr(13) ＋ Chr(10)；④ For Output；⑤ Mid(x，i，1)；⑥ Like "[A－Za－z]"；⑦ y ＋ Chr(Asc(str1) ＋ 1)

【题目解析】 ①填 filename，根据下面的 Open 语句判断，这里应给 filename 赋值；②填 Not EOF(1)，这是读文件的常用语句，表示只要不是读到文件结束符就继续循环读数；③填 str2 ＋ str1 ＋ Chr(13) ＋ Chr(10)，将加密后的一行字符拼接到字符串变量 str2 中，这里的 Chr(13) ＋ Chr(10)为回车换行符；④填 For Output，将数据由通道 2 写入磁盘文件。Encrypt 过程用来加密，根据加密规则，应将输入的 x 中的每一个字符取出，加密后拼接到 y 中，整行完成加密后，由形参 y 返回，⑤填 Mid(x，i，1)，从 x 中取出第 i 个字符；⑥填 Like "[A－Za－z]"，表示 str1 是字母的情况；⑦填 y ＋ Chr(Asc(str1) ＋ 1)，将 str1 转换成其后一个字符拼接到 y 中。

【知识点】 文件操作，字符串函数，函数调用，控制结构

11.

【答案】 ① v ＜ a(k)；② search＝ k；③ ＜；④ temp；⑤ filename 或 Text1. Text；⑥ a2s

【题目解析】 Search 函数的功能是采用折半查找的方法在有序数组 a 中查找指定的数 v，根据折半查找法，每次将数组二分之一处的元素值(下标为 k 的元素)与 v 比较，小于 v 去掉左半边(即调整左边界 m＝k＋1)，否则去掉右半边(即调整右边界 n ＝k－1)，故①填 v ＜ a(k)；②在不满足上面两条件情况下，必有 v ＝ a(k)，即 k 就是要找的元素的下标，k 值由函数名 search 返回，填 search＝ k；若因为 m ＞ n 退出，则指定的数 v 不在 a 数组中。Sort 过程的功能是用冒泡法对数据进行排序。根据冒泡排序算法，③填 ＜；④填 temp 交换数据；⑤填输入数据文件名 filename 或 Text1. Text。a2s 函数的功能是将输入的 b 数组的元素依次拼接后由函数名 a2s 返回，⑥填 a2s。

【知识点】 文件操作，排序算法，折半查找算法，控制结构

12.

【答案】 ① a(n)；② n－1；③ t＝a(i)；④ strSort＝""；⑤ ＃2

【题目解析】 ①填 a(n)，这里循环变量为 n，将数据逐个读入 a 数组；选择法排序共进行 n－1 轮比较，②填 n－1；发现逆序则交换 a(i)和 a(j)的值，③填 t＝a(i)；④在 For 循环外，通常是给循环内变量赋初值的地方，考虑到前面已给 strSort 赋过值，故填 strSort＝""，将其清空，以便拼接排序后的数据；⑤填＃2，与 Open 语句中的文件号对应。

【知识点】 文件操作，排序算法，控制结构

13.

【答案】 ① Exit For；② i=i+1 或 i=j；③1 或 Lbound(A)；④ t=j；⑤ A(i)=A(t)；⑥ "c:\test. txt"

【题目解析】 本题包含一个事件过程和两个 Sub 过程，其中 Command1_Click 过程生成 10 个随机数，为了不重复，每生成一个随机数，都与已存放在 A 数组中的非重复数比较，若重复，重新生成，否则存入 A 数组，①填 Exit For 退出循环比较；②填 i=i+1(或 i=j)调整 A 数组下标。Sort 过程用来排序，该程序用选择法排序，即在每轮比较中找出最小元素的位置 t，将其与 A(i)元素交换，因此，③填 1 或 Lbound(A)；④填 t=j；⑤填 A(i)=A(t)。SaveDisk 过程将排序的结果输出到指定文件中，⑥根据给定的文件路径及文件名填"c:\test. txt"。

【知识点】 文件操作，排序算法，控制结构

14.

【答案】 ① a(n)；② Int(100 + Rnd * 900)；③ List2. AddItem a(i)；④ i − 1；⑤ a(j + 1)；⑥ #1

【题目解析】 cmdCreate_Click 过程生成随机数字，并将其添加至列表框中。①填 a(n)重定义动态数组 a(n)；②填 Int(100 + Rnd * 900)生成 100～999 之间的随机数。cmdSort_Click 过程调用排序函数 Sort 对数组 a 排序，并将排序后的数据添加至列表框中，③填 List2. AddItem a(i)；弹出消息框给出排序过程中数据交换的次数 n。Sort 函数过程采用冒泡法从前向后扫描 a 数组元素，逐渐消除逆序，函数调用后交换次数由函数名返回；④填 i − 1 控制每轮比较的次数；⑤填 a(j + 1)，与 a(j)交换数据；cmdSave_Click 过程中根据 Open 语句中的文件号可知，⑥填#1。

【知识点】 文件操作，排序算法，控制结构